电力企业现场实习人员安全知识手册

郎岩 冯永新 编著

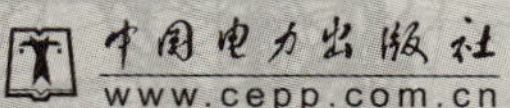

内容提要

本书包括现场实习人员安全基本知识、人身触电及其防护、现场作业安全知识、安全用具常识、消防安全知识、应急救援基本常识、火力发电厂安全生产常识、供电企业安全生产常识和安全生产法规常识。书中详细说明了电力安全生产的基本原则与任务，电力企业现场实习人员应掌握的安全基本知识等。

本书内容全面、详实，理论与实践融于一体，具有极高的教学价值和实用价值，是现场实习人员不可多得的一部安全类工具书。

图书在版编目（CIP）数据

电力企业现场实习人员安全知识手册 / 郎岩，冯永新编著. —北京：中国电力出版社，2007

ISBN 978-7-5083-5255-8

Ⅰ. 电…　Ⅱ. 冯…　Ⅲ. 电力工业-工业企业-安全管理-手册　Ⅳ. TM08-62

中国版本图书馆 CIP 数据核字（2007）第 027265 号

中国电力出版社出版、发行

（北京三里河路 6 号　100044　http://www.cepp.com.cn）

航远印刷有限公司印刷

各地新华书店经售

*

2007 年 4 月第一版　2007 年 4 月北京第一次印刷

850 毫米×1168 毫米　32 开本　5.75 印张　144 千字

印数 0001—5000 册　定价 **18.00** 元

前言

为提高各类实习人员在电力企业顺利实践的安全性，我们根据国家颁布的劳动法规、安全生产法规及电力安全生产有关规程条例等，组织相关人员编写了《电力企业现场实习人员安全知识手册》一书。此书按照电力工程院校教学大纲和课程教学的要求，为保证电力生产企业及保证实习人员的双方安全而编制。重点使学员们掌握电力安全生产知识和安全技能。

参加编写的人员是由华北电力大学科技学院、沈阳工程学院、国华三河发电厂、华能营口发电厂等多家单位中在教学、科研和生产一线的专家学者及工程技术人员组成，由华能营口发电厂的副厂长朗岩担任主编，参加本书编写的有冯永新、王学华、姜伟。本书内容全面、详实，理论与实践融于一体，具有极高的教学价值和实用价值，是现场实习人员不可多得的一部安全类工具书。

全书包括现场实习人员安全基本知识、人身触电及其防护、现场作业安全必备知识、安全用具常识、消防安全知识、应急救援基本常识知识、火力发电厂安全生产常识、供电企业安全生产常识及电力企业工作人员必须掌握的安全生产法规常识等共九章。书中详细阐明了电力安全生产的基本原则与任务，电力企业现场实习人员应掌握的安全基本知识等。

虽然本书作者精心编写，但是面对快速发展的电力生产技术难免有各种纰漏和不足之处，如果有与国家有关法规、标准及规范出入的地方，请按法规、标准、规范执行，并恳请广大电力同仁提出宝贵修改意见。

编者

目 录

Contents

第一章 现场实习人员安全基本知识

第一节 安全生产基本概念

一、安全基本概念

1. 安全与危险

安全与危险是相对的概念。危险是指系统中存在导致发生不期望后果的可能性超过人们的承受程度。安全是指生产系统中人员免遭不可承受危险的伤害。

2. 危险源

危险源是指可能造成人员伤害、疾病、财产损失、作业环境破坏或其他损失的根源或状态。

3. 事故与事故隐患

事故是指造成人员死亡、伤害、职业病、财产损失或者其他损失的意外事件。

事故隐患泛指生产系统中可导致事故发生的人的不安全行为、物的不安全状态和管理上的缺陷。

4. 本质安全

本质安全是指设备、设施或技术工艺含有内在的能够从根本上防止发生事故的功能。具体包括以下三方面的内容：

(1) 失误－安全功能。指操作者即使操作失误，也不会发生事故或伤害，或者说设备、设施和技术工艺本身具有自动防止人的不安全行为的功能。

(2) 故障－安全功能。是指设备、设施或技术工艺发生故障或损坏时，还能暂时维持正常工作或自动转变为安全状态。

（3）上述两种安全功能应该是设备、设施和技术工艺本身固有的，即在它们的规划设计阶段就被纳入其中，而不是事后补偿的。

本质安全是安全生产预防为主的根本体现，也是安全生产管理的最高境界。实际上由于技术、资金和人们对事故的认识等原因，到目前还很难做到本质安全，只能做全社会为之奋斗的目标。

5. 电力系统安全的含义

在电力生产中，安全有着如下三方面的含义：

（1）人身安全。在电力生产中首先要确保的是人身安全，杜绝人身伤亡事故。

（2）设备安全。在确保人身安全的同时要确保设备的安全，保证设备正常可靠运行，保护国家和人民的财产不受损失。

（3）电网安全。保证生活和生产用电，消灭电网事故的发生，构建“坚强的电网”。

这三方面是电力企业安全生产的有机组成部分，互不可分，缺一不可。

现场实习人员要深刻理解安全的含义，在实习过程中首先要保证自身的安全，同时要听从老师和现场工作人员的安排，避免事故的发生。

二、安全生产方针

电力企业生产现场安全生产必须坚持“安全第一，预防为主”的基本方针。要求在生产过程中，必须坚持“以人为本”的原则。在生产与安全的关系中，一切以安全为重，安全必须排在第一位。必须预先分析危险源，预测和评价危险、有害因素，掌握危险出现的规律和变化，采取相应的预防措施，将危险和安全隐患消灭在萌芽状态。

施工企业的各级管理人员，必须坚持“管生产必须管安全”和“谁主管，谁负责”的原则，全面履行安全生产责任。

三、安全生产三级教育

新作业人员上岗前必须进行“三级”安全教育，即公司（企业）、项目部和班组三级安全生产教育。

（1）施工企业安全生产培训教育的主要内容有：安全生产基本知识，国家和地方有关安全生产的方针、政策、法规、标准、规范，企业的安全生产规章制度，劳动纪律，施工作业场所和工作岗位存在危险因素、防范措施及事故应急措施，事故案例分析。

（2）项目部安全生产培训教育的主要内容有：本项目的安全生产状况和规章制度，本项目作业场所和工作岗位存在危险因素、防范措施及事故应急措施，事故案例分析。

（3）班组安全生产培训教育的主要内容有：本岗位安全操作规程，生产设备、安全装置、劳动防护用品（用具）的正确使用方法，事故案例分析。

四、杜绝“三违”现象

1. 违章指挥

企业负责人和有关管理人员法制观念淡薄，缺乏安全知识，思想上存有侥幸心理，对国家、集体的财产和人民群众的生命安全不负责任。明知不符合安全生产有关条件，仍指挥作业人员冒险作业。

2. 违章作业

作业人员不懂安全生产常识，不懂安全生产规章制度和操作规程，或者在知道基本安全知识的情况下，违反安全生产规章制度和操作规程，不顾国家、集体的财产和他人、自己的生命安全，擅自作业，冒险蛮干。

3. 违反劳动纪律

不知道劳动纪律，或者不遵守劳动纪律，违反劳动纪律进行冒险作业，造成不安全因素。

五、做到“三不伤害”

“三不伤害”就是指：不伤害自己，不伤害别人，不被别人伤害。

首先确保自己不违章，保证不伤害自己，不去伤害别人。要做到不被别人伤害，这就要求人们要有良好的自我保护意识，要及时制止他人违章。制止他人违章既保护了自己，也保护了他人，同时也保护了别的许多人。

六、安全知识的学习在现场实习中的重要性

电力企业安全生产是关系到国计民生的大事，在事故中损失最宝贵的是人的生命，而人又往往是事故的始作俑者。因此，提高生产作业人员的安全素质是避免事故的最有效的途径之一。

安全是人类从事各种社会活动的基本条件和重要保障，在各种生产经营活动中，人身安全是最可宝贵的和最受关注的。怎样有效地避免人身伤害、避免事故的发生，在生产过程以及在机械操作过程中，操作者本人是最关键的。从近几年现场实习人员和新入厂人员发生的几起事故可以看出，安全意识淡薄、安全知识缺乏、技术操作不熟练等因素是导致事故发生的直接原因。

1. 事故案例

(1) 案例一：到某电厂实习的徐某，在施工中被一滑倒的三角架砸伤头部。事后调查咨询得知，当时值班班长叫他和李某去抬钻杆，由于地滑，李某碰倒三角架，正好砸伤徐某，而徐某又未戴安全帽。问其未戴安全帽的原因，回答却是没意识到不戴安全帽害处这么大，当时休息后急于上班未想太多，而安全帽就在刚才休息处放着。

(2) 案例二：在机械修理车间工作的新毕业生王某，被车床飞出的铁屑烫伤眼部，原因是未戴保护眼镜。

2. 现场实习人员在实习过程中存在的问题

(1) 目前对到电力企业实习的人员，通常的培训方式主要是进行“三级安全教育”，即老师在实习前教育、到电力企业后由企业安监人员教育、进入现场班组教育。但是进行安全教育的人员素质，企业与企业之间、车间与车间之间、班组与班组之间千差万别，岗前教育的可靠性相对不统一、不规范。

（2）现场实习人员是事故易发人群，安全思想淡薄，对生产中的关键环节不懂，避免事故发生的技能较差，对生产中危险程度不够重视，是发生事故的主要原因。现场实习的学生往往对工作场所的环境和设备的性能了解不全面，不知道可能发生什么样的危险、什么样的事故，无知无畏，容易导致事故的发生。

3. 安全知识的学习在现场实习中的重要性

（1）针对以上问题，经过分析认为，应把电力企业在安全问题上应知应会的东西，提前到学校中学习，使学生对现场中可能遇到的问题有一个深刻的认识。通过实习，不仅能预防事故发生，降低在实际工作中发生事故的可能性，而且使学生毕业后参加工作能更快地走上工作岗位。

（2）在学习过程中遇到的问题应能及时反馈到老师或现场工作人员那里并得到及时解决，这样就能及时地消除实习安全隐患。

实习人员在校期间学习有关本专业的安全规程、技术规程，及有关的安全技术知识，牢牢地树立起安全生产的基本思想，掌握一些最基本的安全技能，不仅有益于自己，而且也为成为应用型人才打下理论基础。

第二节　电力生产现场环境及存在的危险因素分析

电力生产是由许多发电厂、输电线路、变配电设施和用电设备组成的，是现代化的大生产。在电厂生产过程中，现场环境有几个明显的特点：电力设备体积大，电气设备多，高温高压设备多，易燃易爆和有毒物品多，生产现场极其复杂等。同时，在生产过程中使用大量生产原料，这些原料使用后不可避免地产生大量的废弃物，这些废弃物对环境造成污染，对人的身体造成危害。所以应从电力生产的工作环境中寻找事故存在的危险因素，才能做到有的放矢，进行有效的防治。

一、电力生产环境及危险因素分析

1. 物理性危害及危险因素

（1）设备缺陷。设备设计不合理，制造安装质量差，维修保养不及时等。

（2）防护缺陷。无防护，防护距离不够，防护不当，支撑不当，其他防护有缺陷。

（3）电危害。漏电，触电，雷电，静电，电火花，其他电危害。

（4）噪声危害。机械性噪声，流动动力性噪声，其他噪声。

（5）振动危害。机械振动，电磁性振动，流动动力性振动，其他振动。

（6）电磁辐射危害。电离辐射，各种射线，超高压电场等。

（7）运动物危害。固体抛射物，液体飞溅物，反弹物，汽流卷动，冲击，其他运动物。

（8）明火伤害，粉尘伤害。

（9）灼伤危害。能造成灼伤的高温物质，高温气体，高温固体，高温液体，其他高温物质。

（10）作业环境不良。基础下沉，安全通道缺陷，照明不良，通风不良，缺氧，空气质量不良，气温过高，气温过低，气压过高，气压过低，自然灾害，其他作业不良环境。

（11）信号缺陷。无信号设施，信号使用不当，信号显示不准，其他信号缺陷。

（12）标志缺陷。无标志，标志不清楚，标志不规范，标志选用不当，标志位置缺陷。

2. 化学性危害及危险因素

（1）易燃易爆物质。易燃易爆液体，易燃易爆固体，易燃易爆气体，粉尘，其他易燃易爆物质。

（2）自燃物质。

（3）有毒物质。有毒液体，有毒固体，有毒气体，有毒粉尘，其他有毒物质。

（4）腐蚀性物质。腐蚀性液体，腐蚀性固体，腐蚀性气体，其他腐蚀性物质。

（5）其他化学性危险、危害物质。

3. 心理、生理性危害及危险因素

（1）负荷超限。体力、听力、视力负荷超限以及其他负荷超限。

（2）健康状况异常。

（3）从事禁忌作业。

（4）心理、情绪异常，冒险心理，过度紧张，其他心理异常。

（5）辨识能力缺陷和其他心理、生理危险及危害因素。

4. 行为性危害、危险因素

（1）指挥错误。指挥失误，违章指挥，其他错误指挥。

（2）操作错误。操作失误，违章作业，其他错误操作。

（3）监护失误及其他错误。

二、电力生产常见事故

根据以上危险及危害因素分析，在电力生产过程中可能会造成的事故有以下几方面：

（1）机械伤害。机械伤害是指机械设备运动（或静止）部件、工具等直接与人体接触造成夹击、碰撞、剪切、卷入、绞、碾、割、刺等伤害造成的事故。

（2）起重伤害。起重伤害是指各种起重设备的作业，包括起重机械在安装、维修、试验时发生的挤压、坠落、物体打击和触电等。

（3）撞击人体事故。物体在重力或其他外力作用下产生动力，从而打击人体造成的人身伤亡事故。

（4）触电事故。电流对人体伤亡和雷击伤亡事故。

（5）灼伤事故。灼伤事故是指火焰烧伤、高温物体烫伤、化学灼伤、物理灼伤、火灾伤亡事故等。

(6) 化学性爆炸事故。化学性爆炸事故是指可燃气体、粉尘等与空气混合形成爆炸性混合物，接触引爆能源时发生的爆炸事故。

(7) 高处坠落事故。高处坠落事故是指在高处作业时发生的坠落而造成人员伤亡的事故。

(8) 物理性爆炸事故。如锅炉爆炸、压力容器爆炸等爆炸事故。

(9) 中毒和窒息事故。指中毒、缺氧窒息、中毒窒息等。

现场实习人员应对实习的环境有充分的了解和认识，根据自己的专业特点采取科学的方法进行工作，使危险危害性因素不会转化为危险危害后果，防止各种错误的发生，保证人身和设备的安全。

第三节　电力企业现场实习人员注意事项

一、遵章守纪，服从管理，确保安全实习

要通过实习来提高实习人员的专业水平，就必须先提高自己的安全意识。只有每个实习人员事事处处、每时每刻都能注意安全，重视安全，随时随地加强对各种不安全因素的防范，杜绝习惯性违章和各类冒险作业行为，认真自觉地履行好自己的安全职责与义务，才能使电力安全生产得到保障，才能使实习顺利完成。

为了实习安全、有收获，现场实习人员应遵守电力企业的基本规章制度，并认真做好以下工作：

(1) 严格执行“安全第一，预防为主，学以致用”的原则，认真执行电力企业有关安全生产的规定。

(2) 遵守实习纪律、安全纪律，服从现场工作人员的领导，不违章作业，在生产工作中真正做到不伤害自己，不伤害他人，也不被他人伤害，即“三不伤害”。

（3）参加班前会、班后会，应主动汇报在实习过程中发生的安全情况。如果发生各类异常情况后，应按规程操作，保护现场，及时报告。要如实反映情况，严禁隐瞒不报，并能总结出异常事件经过、原因、存在问题和对策，主动配合班组调查分析。

（4）参加班组安全活动和安全大检查活动，积极支持班组长、安全员搞好班组的安全管理工作。

（5）正确使用和管理好安全工器具、电气工器具、起重工器具等生产工器具，管好本岗位所辖设备、现场设施，做到文明实习。

（6）对违章、违纪、失职或违反规定的实习人员要及时提醒。

现场实习人员在安全生产方面具有以下的权利和义务：

（1）自觉遵守电力生产、建设安全工作规程，并监督执行。

（2）自觉遵守劳动纪律，认真贯彻执行与安全有关的各种法规和规章制度。

（3）及时反映和按规程规定处理一切危及人身和设备系统安全的情况。

（4）有权制止任何人的违章作业行为。

（5）有权拒绝接受和执行有可能造成人身伤亡和设备损坏的违章指挥。

（6）有权要求有关部门和人员提供完成工作任务必需的安全条件，不具备安全工作条件，可拒绝工作。

（7）积极参加安全检查和安全日活动。

（8）积极参加技术革新，提合理化建议活动，为提高班组和企业的安全生产水平献计献策。

以上的权利和义务是电业职工从事电力生产的基本行为准则，所有到现场实习的人员一定要严格遵守并认真执行。实习人员只有在实习过程中一丝不苟地要求自己，牢记电力企业职工的基本职责、权利和义务，并认真贯彻“安全第一，预防为主”的工作方针，强化安全意识，提高技能，从我做起，才能在将来的电力生产建设中为人民电业立功。

二、电力企业现场实习人员出入现场注意事项

进入现场实习人员要注意以下事项：

（1）进入生产现场必须正确戴安全帽。

（2）高空作业必须系好安全带。安全带要挂在不能移动、被割拉断的物体上，且挂的位置要高于站定的工作面的牢固物体上。

（3）高处作业不得随便抛掷物件和工具。

（4）酒后不得从事各种作业。

（5）着装要符合《电业安全工作规程》的要求。上班期间必须穿工作服，不得穿裙子、背心、高跟鞋、拖鞋、凉鞋等。

（6）正确使用安全用具。

（7）在油库、危险品库、制氢站等易燃易爆区域不得违章动火，工作场所严禁违章吸烟。

（8）无操作票和工作票不得工作。

（9）不得擅自扩大工作范围。

（10）不得在转动的机械上从事工作。

（11）不得在停运中的传动带上行走。

（12）不得为工作方便，擅自变更、拆除安全措施。

（13）未经班长或领导同意，不得擅自私下调班、连班。

（14）运行值班工作期间不得随意离岗、串岗或做与工作无关的事情。

（15）遇有电气设备火情或人员触电时，要先切断电源，然后进行抢救。

（16）要认真学习《电业安全工作规程》，并严格执行。

第二章
人身触电及其防护

第一节　电流对人体的伤害

当电流流经人体时，人体会产生不同程度的刺痛和麻木，并伴随不自觉的肌肉收缩。触电者会因肌肉收缩而紧握带电体，不能自主摆脱电源。所谓触电就是指电流流过人体时对人体产生的生理和病理伤害。这种伤害是多方面的，可以分为电击和电伤两种类型。

一、电击与电伤

1. 电击

电击是电流通过人体内部，对人体所产生的伤害。电击是最危险的触电伤害，一般来说，触电死亡事故中的绝大多数是由于电击造成的。它主要是破坏了人体的心脏、呼吸和神经系统的正常工作，危及人的生命。例如，电流通过心脏，造成心脏功能紊乱，导致血液循环的停止；电流通过中枢神经系统的呼吸控制中心使呼吸停止；电流通过胸部可使胸肌收缩迫使呼吸停顿，这几种情况都会导致死亡。

2. 电伤

电伤是指电流的热效应、化学效应、机械效应等对人体造成的外伤。电伤往往在肌体上留下伤痕，严重时，也可致人死亡。电伤可分为电灼伤、电烙伤、皮肤金属化和电光眼四种。

（1）电灼伤　电灼伤是由于电流热效应而产生的电伤，如带负荷拉开隔离开关时的强烈的电弧对皮肤的烧伤，灼伤也称为电弧伤害。灼伤的后果是皮肤发红、起泡以及烧焦、皮肤组织破坏等。

(2) 电烙伤　电烙伤发生在人体与带电体有良好的接触的情况下，由电流的化学效应和机械效应产生的电伤，在皮肤表面留下和被接触带电体形状相似的肿块痕迹。有时在触电后并不立即出现，而是相隔一定时间才出现。电烙印一般不发炎或化脓，但往往造成局部麻木和失去知觉。

(3) 皮肤金属化　皮肤金属化是指在电流作用下产生的高温电弧使电弧周围的金属熔化和蒸发而形成金属微粒，这些金属微粒渗入皮肤表面层，使皮肤受伤害的电伤。受伤的皮肤变得粗糙、硬化或局部皮肤变为绿色或暗黄色。

(4) 电光眼　电光眼是当发生弧光放电时，由红外线、可见光、紫外线对眼睛造成的伤害。电光眼表现为角膜炎或结膜炎，有时需要数日才能恢复视力。

电击、电伤还有可能造成机械性损伤及神经受伤。机械性损伤是指电流作用于人体，中枢神经反射和肌肉强烈收缩而导致的机体损伤。神经受伤的表现有很多种，如触电后精神上感到难受，性情狂躁易怒等。

二、影响电流对人体伤害程度的因素

电流对人体的伤害程度与通过人体电流的大小、电流通过人体的时间、电流的频率、人体的健康状况、电压的高低及电流通过人体的途径等因素有关。

1. 电流

通过人体的电流越大，人体的生理反应越强烈，对人体的伤害就越大。

按照人体对电流的生理反应强弱和电流对人体的伤害程度，可将电流大致分为感知电流、摆脱电流和致命电流三级。感知电流是指能引起人体感觉但无有害生理反应的最小电流；摆脱电流是指人体触电后能自主摆脱电源而无病理性危害的最大电流；致命电流是指能引起心室纤颤而危及生命的最小电流。

上述这几种电流的大小与触电对象的性别、年龄以及触电时间等因素有关。试验表明，当工频电流（50Hz）通过人体时，成年男性的平均感知电流为1mA，摆脱电流为10mA，致命电流为50mA（通过时间在1s以上时）。在一般情况下，可取30mA为安全电流，即以30mA为人体所能忍受而无致命危险的最大电流。但在有高度触电危险的场所，应取10mA为安全电流；而在空中或水面触电时，考虑到人受电击后有可能会因痉挛而摔死或淹死，则应取5mA作为安全电流。

2. 电流通过人体的时间

电流通过人体的持续时间越长，越容易引起心室纤颤，其危险性就越大，主要是由于以下几个原因：

（1）人体电阻减小。电流通过人体的持续时间越长，人体电阻由于出汗、电解而下降，使通过人体的电流进一步加大，从而危险就越大。

（2）能量增加。电流持续时间越长，体内积累的外界电能越多，伤害程度越大。

（3）与心脏易损期重合的可能性增大。心脏在收缩与舒张的时间间隙（约0.1s）内对电流最为敏感，通电时间长，重合这段间隙的可能性就越大，心室纤颤的可能性也就越大。

3. 电流的频率

人体对不同频率的生理敏感性是不同的，因此，不同种类的电流对人体的伤害也就有区别。一般说来，工频电流（50～60Hz）对人体的伤害最为严重；交流电的频率偏离工频频率越大，对人体伤害的危险性就越低。

4. 电流通过人体的途径

电流通过人体的途径不同，对人体的伤害程度也不同。但是电流无论以任何途径通过人体都可以致人死亡。电流通过心脏、中枢神经（脑部和脊髓）、呼吸系统是最危险的。因此，从左手到前胸是最危险的电流路径，这时心脏、肺部、脊髓等重要器官都处于电路内，很容易引起心室纤颤和中枢神经失调而死亡。从右手到脚的危险性要小些，但会因痉挛而摔倒，导致电流通过全身或出现二次事故。

5. 人体的健康状况

试验研究表明，触电危险性与人体状况有关。触电者的性别年龄、健康状况、精神状态和人体电阻都会对触电后果产生影响。人体越健康，耐受电流刺激的能力也就越强。

女性对电的敏感性比男性高，女性的感知电流和摆脱电流约比男性的低1/3，因此，在同等的触电电流下，女性比男性更难以摆脱。体弱多病者由于自身抵抗力较差，故比健康人更易受电伤害。酒醉、疲劳、心情欠佳等情况都会加重触电伤害程度。

6. 电压的高低

一般说来，当人体电阻一定时，人体接触的电压越高，通过人体的电流就越大。触电伤亡的直接原因在于电流在人体内引起的生理病变。电压越高，危害越大。

我国规定适用于一般环境的安全电压为36V。

第二节 人体触电的方式

人体触电是指电流流过人体时对人体产生的生理和病理伤害。触电的方式多种多样，一般可分为直接触电和间接触电两种类型。此外，还有高压电场、高频电磁场、静电感应和雷击等触电方式。

一、直接触电

人体直接触及或过分靠近电气设备及线路的带电导体而发生的触电现象称为直接触电。单相触电、两相触电和电弧伤害都属于直接接触触电。

1. 单相触电

人体直接碰触带电设备或线路的一相带电导体时，电流通过人体而发生的触电现象称之为单相触电。其危害程度与电压的高低、电网的中性点是否接地、每相对地电容量的大小有关。

（1）中性点接地对触电程度的影响　在中性点直接接地的电网中发生单相触电的情况如图2－1（a）所示。设人体与大地接触良好，土壤电阻忽略不计，由于人体电阻比中性点工作接地电阻大得多，加于人体的电压几乎等于电网相电压，这时流过人体的电流为

$$I_b = \frac{U_{ph}}{R_b + R_c} \tag{2-1}$$

式中　I_b——流过人体的电流（A）；

U_{ph}——电网相电压（V）；

R_c——电网中性点工作接地电阻（Ω）；

R_b——人体电阻（Ω）。

对于380/220V 三相四线制电网，$U_{ph}=220V$，$R_c=4\Omega$，若取人体电阻$R_b=1700\Omega$，则由上式可算出流过人体的电流$I_b=129mA$，足以危及触电者的生命。

显然，单相触电的后果与人体和大地间的接触状况有关。如果人体站立在干燥的绝缘地板上，由于人体与大地间有很大的绝缘电阻，通过人体的电流就很小，这就不会造成触电危险。但如果地板潮湿，那就有触电危险。

（2）中性点不接地对触电程度的影响　中性点不接地电网中发生单相触电的情况如图2－1（b）所示。这时电流将从电源火线经人体、其他两相的对地阻抗（由线路的绝缘电阻和对地电容构成）回到电源的中性点形成回路，此时，通过人体的电流与线路的绝缘电阻和对地电容有关。在低压电网中，对地电容很小，通过人体的电流主要取决于线路绝缘电阻，正常情况下，设备的绝缘电阻相当大，通过人体的电流很小，一般不致造成对人体的伤害。但当线路绝缘下降时，单相触电对人体的危害仍然存在。而在高压中性点不接地电网中（特别在对地电容较大的电缆线路上）线路对地电容较大，通过人体的电容电流，将危及触电者的安全。

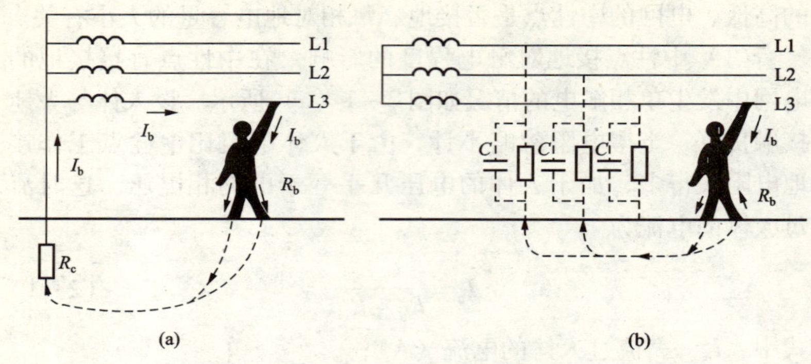

图 2－1　单相触电示意图

（a）中性点直接接地电网；（b）中性点不接地电网

2. 两相触电

两相触电是指人体同时触及带电设备或线路中的两相导体而发生的触电方式，如图 2－2 所示。两相触电时，作用于人体上的电压为线电压，电流将从一相导体经人体流入另一相导体，这种情况是很危险的。以 380/220V 三相四线制为例，这时加于人体的电压为 380V，若人体电阻按 1700Ω 考虑，则流过人体内的电流将达 224mA，足以致人死亡。因此，两相触电要比单相触电严重得多。

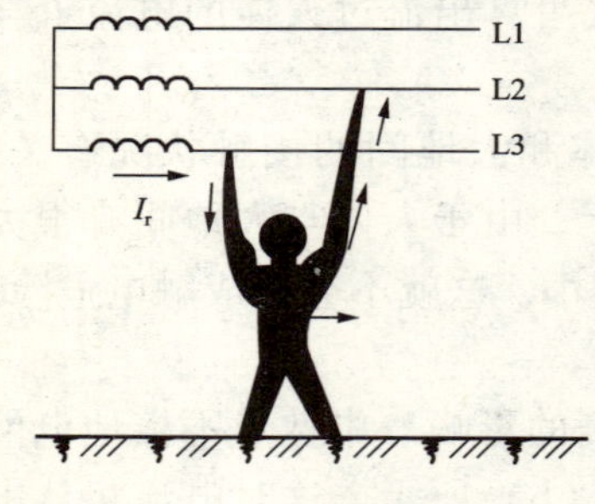

图 2－2　两相触电示意图

二、间接触电

人体触及正常情况下不带电，而故障情况下变为带电设备外露的导体，所引起的触电现象，称为间接触电。

例如，电气设备在正常运行时，其金属外壳或结构是不带电的。当电气设备绝缘损坏而发生接地短路故障（俗称“碰壳”或“漏电”）时，其金属外壳便带有电压，人体触及便会发生触电，此谓间接触电。

1. 跨步电压触电

当电气设备发生接地故障（绝缘损坏）或线路的一相发生带电导线断线落在地面时，故障电流（接地电流）就会从接地体或导线落地点向大地流散，形成如图2-3所示的对地电位分布。由图2-3看出，与电流入地点的距离越小，电位越高；与电流入地点的距离越大，电位越低。在远离入地点10m处时，电位已降至电流入地点电位的8%；20m以外处，电位近似为零。

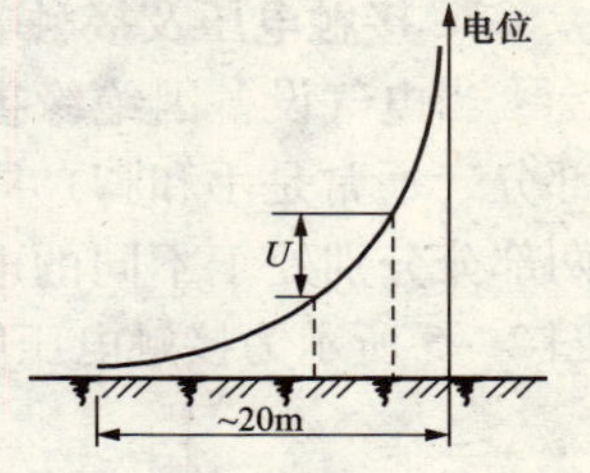

图2-3　对地电位分布

如果有人进入20m以内区域行走，其两脚之间（人的跨步一般按0.8m考虑）的电位差就是跨步电压，如图2-4所示。设前脚的电位为U_1，后脚的电位为U_2，则跨步电压$U_k = U_1 - U_2$，人体距电流入地点越近，其所承受的跨步电压越高。人体受到跨步电压作用时，电流将从一只脚经跨部到另一只脚与大地形成回路。触电者的症状是脚发麻、抽筋、跌倒在地。跌倒后，电流可能改变路径（如从头到脚或手）而流经人体重要器官，使人致命。由跨步电压引起的触电，称为跨步电压触电。

图2-4　跨步电压示意图

必须指出，跨步电压触电还会发生在其他一些场合，如架空导线接地故障点附近或导线断落点附近、防雷接地装置附近地面等。

2. 接触电压及接触电压触电

当电气设备因绝缘损坏而发生接地故障时，如人体的两个部分（通常是手和脚）同时触及漏电设备的外壳和地面，人体两部分分别处于不同的电位，其间的电位差即为接触电压。如图2－5所示为接触电压触电示意图。

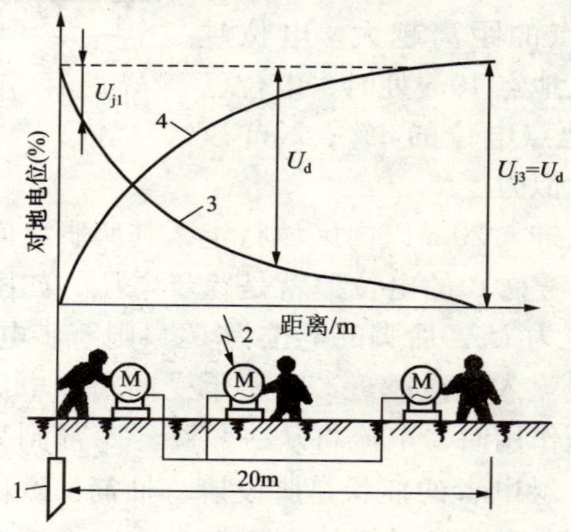

图2－5　接触电压触电示意图

1—接地体；2—漏电设备；

3—设备出现接地故障时，接地体附近各点电位分布曲线；

4—人体距接地体位置不同时，接触电压变化曲线

接触电压 U_j 的大小随人体站立点的位置而异。当人体距离接地体越远时，接触电压越大；当人体站在距接地体20m以外处与带电设备外壳接触时，接触电压 U_{j3} 达到最大值，等于带电设备外壳的对地电压 U_d；当人体站在接地体附近与设备外壳接触时，接触电压近于零。在图2－5中，当一台电动机的绕组碰壳接地时，因为三台电动机的接地线是连在一起的，所以三台电动机的外壳都会带电，而且电位相同，都是相电压，但地面

电位分布却不同，因此左边的人所承受的接触电压等于电动机外壳（人手）的电位与该处地面电位（人脚）之差，其数值近于零；右边的人承受的接触电压就是电动机外壳的对地电压，即相电压。由于人穿着靴（鞋）及地板能减小接触电压，故人体受到的实际接触电压要小于带电设备的对地电压。

接触电压和跨步电压的大小与接地电流的大小、土壤电阻率、设备接地电阻及人体位置等因素有关。当人穿着靴（鞋）时，由于地板和靴（鞋）的绝缘电阻上有电压降，人体受到的接触电压和跨步电压将明显降低。

第三节　防止触电的安全技术

一、基本概念

1. 接地装置

（1）接地。把电气设备的某一金属部分通过导体与土壤间作良好的电气连接称为接地。

（2）接地体。接地体是埋入土壤中并直接与大地土壤接触的金属导体或金属体组，它可分为自然接地体和人工接地体两种类型。

自然接地体，兼作接地体用而埋入地下的金属管道、金属结构、钢筋混凝土地基等物件。

人工接地体，采用钢管、角钢、扁钢、圆钢等钢材特意制作而埋入地中的导体。

（3）接地线。接地线是指将电气设备需要接地的部分与接地体连接起来的金属导线，包括接地干线和接地支线。

接地装置就是接地体和接地线组成的整体。

2. 电气“地”和对地电压

（1）电气“地”。当电气设备发生接地短路时，在距离单根接地体或接地短路点 20m 以外的地方，电位已近于零，电位等于零的地方即称为电气“地”。

（2）对地电压。电气设备的接地部分（如接地外壳和接地体等）与零位“地”之间的电位差。

3. 接地体的流散电阻和接地电阻

（1）接地体的流散电阻。接地体的流散电阻是指接地电流自接地体向周围大地流散时所遇到的全部电阻。

（2）接地电阻。接地电阻是指接地体的流散电阻和接地体电阻的总和。

4. 零线和接零

（1）零线。零线是指由变压器和发电机的中性点引出，并接了地的接地中性线。

（2）接零。电气设备的某部分直接与零线相连接，叫做接零，如图2－6所示。

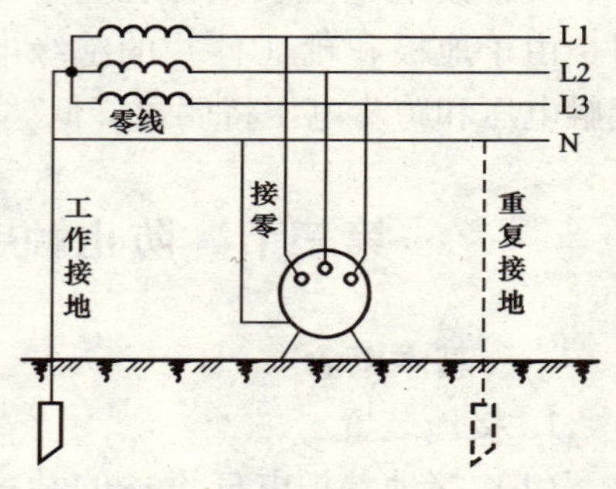

图2－6 零线和接零示意图

5. 接地短路、碰壳短路和接地短路电流

（1）接地短路。接地短路是指电气设备的带电部分偶尔与接地金属构架连接或直接与大地发生电气连接。

（2）碰壳短路。碰壳短路（或碰壳）是指当电机、电器或线路的带电部分由于绝缘损坏而与其接地的金属结构部分发生连接。

（3）接地短路电流。接地短路电流（或接地电流）是指当发生接地短路或碰壳短路时，经接地短路点流入地中的电流。

二、防触电技术

在各种各样的触电事故中，最常见的是人体间接触电。防止间接触电的主要技术有绝缘防护、保护接地、保护接零和漏电保护等。

1. 绝缘防护

无论电气设备的结构多么复杂，都可看作是由导电材料、导磁材料和绝缘材料这三者组成的。有些设备没有导磁体（如白炽灯、电阻炉等），有些设备有导磁体（如电动机、变压器、电磁开关），但导电体和绝缘体却是任何电气设备不可缺少的两个基本部分。使用绝缘材料将带电导体封护或隔离起来，使电气设备及线路能正常工作，防止人身触电，这就是所谓的绝缘防护。用绝缘布带把裸露的接线头包扎起来就是绝缘防护的一例。完善的绝缘可保证人身与设备的安全；绝缘不良，会导致设备漏电、短路，从而引发设备损坏及人身触电事故。所以，绝缘防护是最基本的安全保护措施。

绝缘材料的绝缘性能恶化或破坏将引起绝缘事故。在现场作业中，预防电气设备绝缘事故的措施有以下几种：

（1）不使用质量不合格的电气产品。

（2）按规程和规范安装电气设备或线路。例如，电线管与蒸汽管道之间的距离应符合规范要求，不能满足时应在管外包以绝热层；又如，在有腐蚀性气体或蒸汽的场所，明配线应选用塑料绝缘导线；再如，断路器设备应装在特制的密封箱内或浸在绝缘油中等。

（3）按工作环境和使用条件正确选用电气设备。例如，潮湿场所使用的电动机，应选用密封型的。

（4）按照技术参数使用电气设备，避免过电压和过负荷运行。过负荷将使绝缘温升过高，引起绝缘材料软化；过电压有击穿绝缘的危险。

（5）正确选用绝缘材料。例如，在修理电动机时，不应降低绝缘材料的耐热等级，否则绝缘的允许温升将降低，电动机额定电流将减少。

（6）按规定的周期和项目对电气设备进行绝缘预防性试验。对有绝缘缺陷的设备应及时进行处理。

（7）改善绝缘结构也是积极的绝缘防护措施之一。例如，采用双重绝缘结构对于防止家用电器和手持电动工具受损有显著的作用。

（8）在搬运、安装、运行和维修中，避免电气设备的绝缘结构受机械损伤、受潮和脏污。

（9）在中性点不接地的电力系统中装设绝缘监察装置。在这类电网中，当发生单相接地故障（一相绝缘降低）时，其他两相对地电压将升高。由于接地故障电流是电容电流而不是短路电流，短路保护装置不会动作，电网将长时间在这种故障状态下运行。这不仅会使非故障相的绝缘承受工频过电压，也增加了触电的危险性。因此，有必要在中性点不接地电网中装设绝缘监察装置，对电网的绝缘情况进行经常性的监视，以便及时处理接地故障。

2. 保护接地

为防止人身因电气设备绝缘损坏而遭受触电，将电气设备的金属外壳与接地体连接起来，称为保护接地。

采用保护接地后，可使人体触及漏电设备时的接触电压明显降低。但是仅能减轻触电的危险程度，不能完全保证人身安全，所以保护接地只适用于中性点不接地的低压电网中。

3. 保护接零

所谓保护接零就是把电气设备金属外壳与电网的零线（变压器接地的中性线）相连接。三相四线制系统目前广泛采用保护接零作为防止间接触电的技术措施。

如图2－7（a）所示，电动机正常运行时，零线不带电压，由于电动机的外壳是与电源零线相连接的，人体触摸设备外壳等于触摸零线，并无触电的危险。当电动机发生“碰壳”故障时，电动机的金属外壳将相线与零线直接连通，单相接地故障遂成为单相短路。

因为零线阻抗很小，短路电流可达电动机额定电流的几倍甚至几十倍，在大多数情况下，短路电流的数值足以使安装于线路上的熔断器或其他过电流保护装置迅速动作，从而切断电源。

必须指出，从设备“碰壳”短路的发生到过电流保护装置

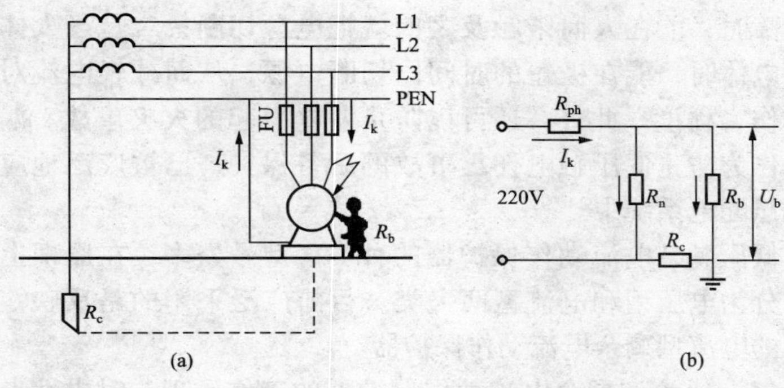

图 2-7　中性点直接接地的低压配电系统的保护接零
（a）保护接零示意图；（b）等效电路图

动作切断电源的时间间隔内，触及设备外壳的人体是要承受电压的，此电压近似等于短路电流在零线上的压降。当忽略线路感抗，并考虑 $R_b \gg R_c$，$R_b \gg R_n$（零线电阻）时，人体所承受的电压为

$$U_b \approx I_k R_n \qquad U_n = \frac{U}{R_{ph} + R_n} R_n \tag{2-2}$$

式中　R_{ph}——相线的电阻（Ω）；

R_n——零线的电阻（Ω）；

I_k——单相短路电流（A）。

假设相线截面为零线的 2 倍，则 $R_n = 2R_{ph}$，于是，人体所受的电压为 147V，显然，这个电压数值对人体仍是危险的。所以，保护接零的有效性在于线路的短路保护装置在“碰壳”短路故障发生后灵敏地动作，迅速切断电源。

4. 漏电保护

（1）剩余电流动作保护器的作用及类型。剩余电流动作保护器（又称漏电开关、触电保安器等），是一种在规定条件下，当漏电电流达到或超过给定值时，便能自动断开电路的一种机械式开关电器或组合电器。

漏电保护的作用：一是电气设备（或线路）发生漏电或接

地故障时，能在人尚未触及之前就把电源切断；二是当人体触及带电体时，能在极短的时间内切断电源，从而减轻电流对人体的伤害程度。此外，还可以防止漏电引起的火灾事故。漏电保护作为防止低压触电伤亡事故的后备保护，已被广泛地应用在低压配电系统中。

低压剩余电流动作保护器的种类、型号繁多，在原理上一般可分为电压型和电流型两大类。目前广泛采用的是反映零序电流的电流型剩余电流动作保护器。

（2）电流型剩余电流动作保护器的工作原理。对中性点直接接地的低压供电系统，可采用电流型剩余电流动作保护器，其工作原理如图 2－8 所示。

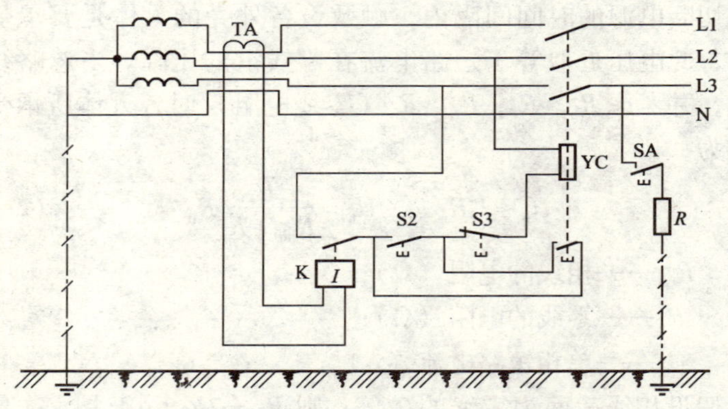

图 2－8　电流型剩余电流动作保护器工作原理图

电流型剩余电流动作保护器是根据三相四线制中的电流，在任何时间内的相量和都等于零的原理制作的，即 $I_a + I_b + I_c = 0$。将四根（三相四线）或两根（单相）电源线全部穿入一个铁心呈闭合磁路的电流互感器 TA 中，这个互感器称为零序电流互感器。在正常用电情况下，由于在三相四线制系统中流过三相的电流相量之和等于零，零序电流互感器中的总磁通也等于零，二次绕组中便无电流输出。当外部线路有触电或因绝缘损坏发生碰壳接地短路时，流过人体 R 的电流经大地回到电源中性点成为回路，便破坏了零序电流互感器中电流的平衡，漏电电流在互感器中产生了磁通，二次绕组即感应出电流，使电流继电器 K 动作，切断主回路断路器（开关），停止供电，达到触电保护的目的。

第四节　现场实习人员注意事项

针对人身触电的特点，实习人员在工作现场实习时要做到以下几点：

（1）现场实习人员（尤其是在线路巡线班实习的人员）在平时工作或行走时，一定要格外小心，当发现设备出现接地故障或导线断线落地时，人要远离断线落地区，如图 2－9 所示。

（2）一旦不小心步入断线落地区且感觉到有跨步电压时，应赶快把双脚并在一起或用一条腿跳着离开断线落地区，如图 2－10所示。

图 2－9　远离断线落地区

图 2－10　单腿跳着离开断线落地区

（3）当必须进入断线落地区救人或排除故障时，应穿绝缘靴（鞋），如图 2－11 所示。

（4）加强现场实习人员对规章制度的执行，使其了解和掌握必要的触电知识。作业时应穿戴必要的防护用品和采用必要的安全措施；在危险场所不要穿羊毛或化纤物品；作业、巡视、检查时，不得携带与工作无关的金属物品。

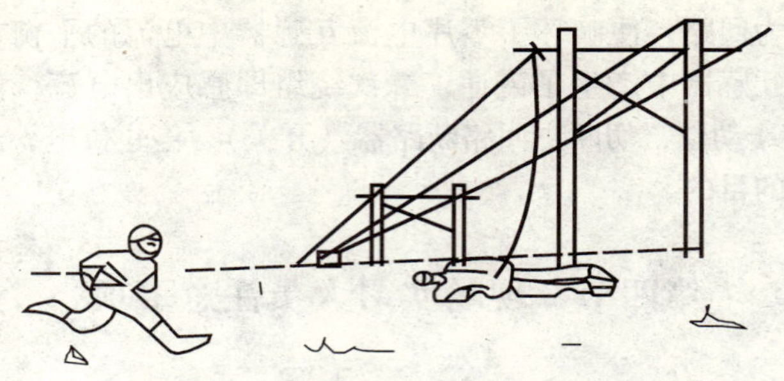

图 2-11　应穿绝缘靴（鞋）进入断线落地区救人

（5）在停电的电气设备和线路上工作时，必须按要求挂好接地线，戴好安全帽；高处作业时应系好安全带，挂牢救命绳，必要时还可以挂好个人辅助接地线。

（6）使用电气工具（手提电钻、角向磨光机等）、移动电源盘必须带有高灵敏的剩余电流动作保护器；在金属容器（如汽鼓、凝汽器、槽箱等）内工作时，必须使用 24V 以下的电气工具。否则需使用Ⅱ类工具，装设额定动作电流不大于 15mA、动作时间大于 0.1s 的剩余电流动作保护器，且应设专人在外不间断地监护。剩余电流动作保护器、电源连接器和控制箱等应放在容器的外面。

（7）现场作业使用行灯时应遵守如下规定：

1）行灯电压不准超过 36V。在特别潮湿或周围均属金属导体的地方工作时，如在汽鼓、凝汽器、加热器、蒸发器、除氧器以及其他金属容器或水箱等内部，行灯的电压应不超过 12V。

2）行灯电源应由携带式或固定的降压变压器供给，变压器不准放在汽鼓、燃烧室及凝汽器等的内部。

3）携带式行灯变压器的高压侧应带插头，低压侧带插座，并采用两种不能互相插入的插头。

4）行灯变压器的外壳须有良好的接地线，高压侧最好使用三线插头。

第三章
现场作业安全知识

第一节 高处作业安全

一、高处作业

1. 高处作业定义

凡在坠落高度基准面2m以上（含2m）有可能坠落的高处进行的作业，均称为高处作业。

2. 高处作业的级别

高处作业的级别划分见表3-1。

表3-1　　高处作业的级别划分

序号	高处作业高度/m	级别
1	2~5	一级
2	5~15	二级
3	15~30	三级
4	>30	四级

强风（阵风风力6级以上，风速100.8m/s）、异温（高、低温）、雪天、雨天、夜间、带电、悬空、抢救等情况下的高处作业称为特殊高处作业。凡高处作业必须经过危险作业审批手续，采取安全技术措施。

3. 高处作业时警示标志如何悬挂？

高处作业的地面应划出禁区，加设围栏（墙），并在作业区不同的位置悬挂有关的警示标志。

（1）禁区围栏（墙）与作业位置外侧间距为：一级高处作业为2～4m；二级高处作业为3～6m；三级高处作业为4～8m；四级高处作业为5～10m。

任何人不准在禁区内休息或工作。

（2）根据高处作业的分级，应在作业区醒目处悬挂标记，写明级别种类和技术安全措施。在作业区入口处悬挂有关标志牌，或危险信号旗，提醒作业人员和其他有关人员注意安全。

二、电力系统高处作业事故原因分析及预防措施

电力系统的发电、供电、基建中高处作业是很多的，如锅炉的安装、检修；汽轮机、发电机部分设备的安装、检修；起重设备的安装、检修；高处安装照明设备；送变电公司或供电企业立塔、架线作业等。如果高处作业人员不注意或不遵守高处作业安全施工的有关规定，就有可能发生高处坠落、物体打击等事故。具体原因大致有以下几种：

（1）高处作业不系安全带，造成高处坠落死亡。

（2）触电后引发高处坠落死亡。

（3）高处作业不用工具袋，造成高处落物，物体打击死亡。

（4）孔洞不封闭，造成高处坠落死亡。

以上几种可能造成事故的原因都是有血的教训和事实的。为此，在电力生产和建设中，为保障高处作业安全，必须遵守以下规定。

（1）作业前必须注意以下几点：

1）作业负责人（含班组长）要对全体作业人员进行安全教育，进行危险点分析并做好预控措施。检查各种工具和防护用具、机电和其他设施是否安全可靠，发现问题应立即调整、更换，经确认符合安全要求才能开始作业。

2）作业人员必须做好工作前的一切准备，检查脚手架和所用的工具、设施、安全用具等，按规定穿戴好防护用品，准备好安全带，裤脚要扎住，戴好安全帽，不准穿光滑底、硬底鞋。

3）进行特殊高处作业，必须有保证安全的具体实施方案，明确各级各岗责任人和专职监护人。禁止露天进行强风（6级以上大风）特殊高处作业。

4）夜间作业必须设置足够的照明设施。

（2）建筑施工靠近低压电源线路时，应距离低压电线至少2m，在2m以内时，应采取绝缘防护措施。距离10kV线路至少应在5m以外，否则应采取绝缘屏护及防止误触事故的措施。禁止在高压线附近作业。

（3）高处作业人员在上下时，不得乘坐货梯和非载人的吊笼，必须从指定的路线上下；不准在高处投掷任何物件；不准将易滚易滑的物件堆放在脚手架上，工具、材料要放平稳牢固。工作完毕应及时将工具、零星构料、零部件等一切易坠落物件清理干净。

（4）严禁上下同时垂直作业。特殊情况必须垂直作业，应经有关领导批准，并在上下两层间设专用的防护棚或者其他隔离设施。

（5）当需要在石棉瓦等轻型屋面工作时，必须采取安全行走的技术措施，如铺设木板、跳板并加护绳等，在屋面下部增加安全网和安全带，不准在没有安全技术措施情况下冒险踩踏。

（6）无论任何情况，都不得在墙顶上工作或通行，严禁坐在高处的无遮栏处休息。

（7）脚手架不准超负荷使用（每平方米不能超过270kg），禁止多人集中在一块脚手板上作业。超过3m长的铺板不能同时站两人工作。

（8）进行高处焊接、氧割作业时，必须事先清除火星飞溅范围的易燃易爆品。若在锅炉、压力容器、金属构件、大中型产品工件等处作业高度大于等于2m时，必须搭设活动梯台、平台及防护栏网，禁止在无防护技术措施情况下登高作业。

（9）脚手板、斜道板、跳板和交通运输道，应随时清扫，不得有泥沙和冰雪，要采取有效防滑措施，并经工程负责人会同安全员检查同意后方可开工。

(10) 在电杆上进行作业前，应检查电杆及拉线埋设是否牢固，强度是否足够，并应选用适合杆型的脚扣，系好安全带。在构架及电杆作业时，地面应有专人监护、联络。登高工具应按表3－2的规定进行检查与试验。

表3－2　登高安全工具的试验标准

名　称	试验静拉力		试验周期	外表检查周期	试验时间
	kN	kgf			
安全绳（带）	2205	225	半年	1个月	5min
升降板	2205	225			
脚扣	980	100			
竹（木）梯	1765	180			

(11) 气候条件。在气温低于－10℃进行露天高处作业时，施工场所附近应设取暖休息室。在气温高于35℃进行露天高处作业时，施工集中区域应设凉棚并配备适当的防暑降温设施和饮料。如遇有6级及以上大风或恶劣气候时，应停止露天高处作业。在霜冻或雨天进行露天高处作业时，应采取防滑措施。

(12) 使用的各种梯子必须符合GB 7059.1～7059.3—1986标准规定，并应有防滑装置。梯顶无塔钩，梯脚不能稳固时必须有人扶梯。人字梯拉绳必须牢固可靠。

三、现场实习人员高处作业注意事项

(1) 健康条件。凡是参加高处作业的人员都应进行体检，患有心脏病、高血压、癫痫病、精神病、聋哑、酒后等都不得从事高处作业，经医生体检合格者才能参加高处作业。

(2) 穿着。高处作业人员进入现场必须穿戴好安全帽、安全带、软底鞋等劳动保护用品。严禁穿背心、短裤、裙子、高跟鞋和拖鞋。

(3) 配带物品。高处作业人员应配带工具袋，使用的工具应系保险绳。

(4) 工作环境。高处作业人员在现场工作前，必须对周围的安全设施进行检查，周围如有孔洞、沟道等，应铺设盖板、安全网。高处作业的平台、走道、斜道等应装设1.0m高的防护栏杆和18cm高档脚板。作业及作业后，不得擅自拆除或移动这些安全设施。如需拆除，必须征得有关部门的同意。

在夜间或光线不足的地方进行高处作业，必须安装足够的照明。

（5）休息地方。高处作业人员休息不得坐在平台、孔洞边缘。不得骑坐在档杆上或躺在走道板、安全网内休息。

（6）作息时间。高处作业人员还必须有足够的休息时间，因而有的部门为加强对高处作业人员作息时间的管理，规定晚上娱乐时间不得超过11点等。

实践证明，只要人们在高处作业时，切实注意并采取有效的安全措施，高处作业事故是可以避免的。

第二节　焊 接 作 业 安 全

在电力生产和建设中广泛使用焊接工艺。在焊接操作中，一旦失去控制，就会酿成爆炸、火灾、灼烫、触电和中毒等事故，给人身安全或国家财产造成严重的损失。因此，必须对从事焊接工作的人员进行专门的安全训练，经过考试合格后，才准许操作。

一、焊接

1. 焊接作业

焊接就是在金属连接处实行局部加热、加压或同时加压加热等方法，促使金属的原子或分子间相互扩散和结合，以达到永久牢固连接的工艺。

2. 焊接的方法

随着科学技术的不断发展，焊接方法也层出不穷，依据工作原理大致可分为加热和加压两种基本方法，即熔化焊和压力焊两大类。在电力工程中，常用的是气焊（割）和手工电弧焊。

二、气焊（割）及手工电弧焊的基本工作原理和主要设备

1. 气焊的基本工作原理

气焊是利用乙炔和氧气混合燃烧的火焰热量来加热金属的一种熔化焊。气焊使用的设备有氧气瓶和乙炔瓶，主要工具有焊炬和胶管等，这些设备和工具的连接如图3－1所示。

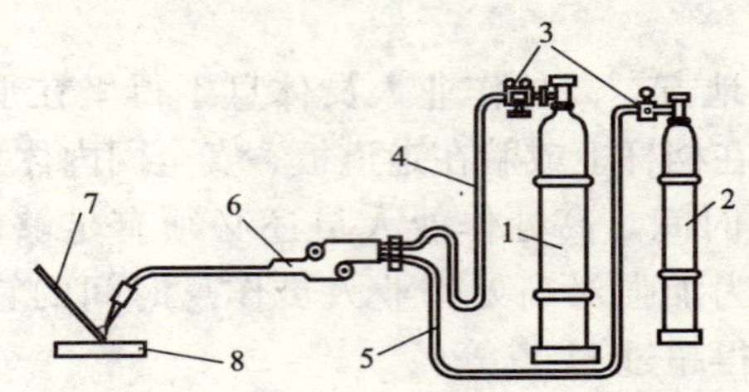

图3－1　气焊的设备和工具

1—氧气瓶；2—乙炔瓶；3—减压阀；4—氧气胶管；
5—乙炔胶管；6—焊炬；7—焊丝；8—焊体

2. 气割的基本工作原理

气割是利用乙炔和氧气混合燃烧的火焰热量加热金属后，立即从割嘴的中心槽中排出切割氧，使加热的金属燃烧成氧化物，并在熔化状态下被切割氧气流吹走，而使金属分开。气割使用的设备与工具同气焊基本一样，只是将焊炬换成割炬。

3. 手工电弧焊的基本工作原理

手工电弧焊是利用电弧放电时产生的热量来熔化焊条及焊体，从而获得金属之间牢固连接的焊接方法。手工电弧焊的主要设备是电焊机。根据焊接电源不同分为交流电焊机和直流电焊机两类。交流电焊机是一个结构特殊的降压变压器，电焊机的降压特性是借助变压器中可动铁心的漏磁作用来实现的。旋转式直流电焊机是用三相电动机带动一个结构特殊的直流发电机，电焊机的降压特性是借助电枢反应的去磁作用来实现的。所谓电枢反应，就是当焊接电流通过直流发电机转子（也称电枢）时，它所产生的磁通（也称电枢磁通）会起削弱原来磁场

的作用。手工电弧焊的主要工具有焊钳和电缆等，操作防护主要用品有面罩和焊接专用手套等。

三、气焊（割）作业安全注意事项

为确保气焊（割）作业的安全，必须遵守以下规定。

1. 工作场所的安全要求

（1）工作地点的设备、工具、焊件和材料等排列整齐，不得乱堆放，同时保持必要的通道，车辆通道不得小于3m，人行通道不得小于1.5m。

（2）在焊（割）操作点周围10m内，不得有可燃易爆物。如有不能撤离的可燃易爆物品（木材、化工原料等），应采取可靠的安全措施，如用水喷湿或覆盖湿麻袋、石棉布等，以隔离火星。

2. 设备、工具使用安全注意事项

（1）氧气瓶外表面漆天蓝色，并有黑漆写的“氧气”字样；乙炔瓶的外表面漆白色，并标注红色的“乙炔”和“火不可近”字样。按照新颁布的国家标准 GB 2550—1981 规定氧气胶管为黑色，国家标准 GB 255—1981 规定乙炔胶管为红色。氧气和乙炔胶管不得互相混用和代用，不得用氧气吹除乙炔胶管内的堵塞物。

（2）氧气瓶与乙炔瓶的距离应大于8m，气瓶与明火的距离不得小于10m。氧气瓶与乙炔瓶不能同车搬运。在储运和使用过程中，应避免剧烈振动和撞击。搬运须用专门的抬架或小推车。

（3）乙炔瓶使用时只能直立，不能横卧，以防丙酮（溶解乙炔用）流出引起燃烧爆炸。

（4）氧气瓶、乙炔瓶在使用过程中不能全部用尽，必须留有余气。目的是预防其他气体倒流入瓶内，同时在充气时便于化验瓶内气体成分。

（5）焊（割）炬的检查。焊炬、割炬使用前先检查射吸性能，再检查是否漏气。如果发现射吸性能不正常或漏气，必须

进行修理，否则严禁使用。不得把焊炬、割炬作为照明使用。

3. 气焊、气割安全操作方法

（1）焊（割）炬点火前应检查连接处和各气阀的严密性。对新使用的焊炬和射吸式割炬，还应检查其射吸性能。

（2）发生回火时，应急速关乙炔，随即关氧气，倒袭的火焰在焊炬内会很快熄灭，防止火焰倒袭和产生烟灰。稍等片刻再开氧气，吹出残留在焊炬内的烟灰。在紧急情况下可拔去乙炔胶管。

（3）软管着火处理。乙炔管着火时，应首先将火焰熄灭，然后停止供气；氧气管着火时，应先关闭供气阀门，停止供气后再处理着火软管。不得用弯折软管的方法处理。

（4）清理工件表面。气割前应将工件表面的漆皮、锈层和油水污物等清理干净。在水泥地面切割时应垫高工作，防止锈皮和水泥爆溅伤人。

四、手工电弧焊作业安全注意事项

由于手工电弧焊利用的能源是电，同时电弧在燃烧过程中产生高温和弧光，药皮在高温下产生一些有害气体和尘埃，所以，在操作过程中存在触电、弧光和电热伤害、有毒有害气体侵蚀、火灾与爆炸等不安全因素。在电焊操作过程中应注意以下事项：

（1）工作前应先进行安全检查，主要检查电焊机是否安装接地或接零线，连接是否牢靠；焊接线路各接线点的接触是否良好；焊接电缆是否完好，绝缘外皮有无破损。

（2）在下雨、下雪时，不得进行露天施焊。

（3）二次线不宜过长，一般应根据工作时的具体情况而定。

（4）在施焊过程中，当电焊机发生故障而需要检查时，须切断电源，禁止在通电情况下用手触及电焊机的任何部位，以免发生事故。

（5）在高处作业时，不准将焊接电缆放在电焊机上，横跨道路的电焊线必须有防压措施。施焊前周围不得有易燃易爆品，并系好安全带。

(6) 手工电弧焊的主要危害是焊接弧光辐射造成皮肤和眼睛的损害，为此焊工在工作时必须穿好工作服，戴好手套、鞋套，使用镶有特制防护镜片的面罩。在通风排尘不良的环境下工作时，还应注意焊接烟尘和有毒气体对人体的损害。

总之，焊接是电力建设与生产中必不可少的操作技能，又是在操作过程中易酿成事故的作业，所以从事焊接实习工作的人员必须一丝不苟、认真负责，才能确保安全。

第三节 化学作业安全

随着电厂机组容量的扩大，热力设备参数的提高对锅炉用水水质的要求也越来越高。火电厂水处理的目的就在于预防热力设备结垢和腐蚀，确保可靠生产，并尽量做到节水和控制环境污染。化学药品大部分是有毒、危险和易爆品，稍有不慎就可能危及人身安全。因而化学药品在运输、保管及使用上都有一系列严格规定。现场实习及工作人员在工作前必须掌握化学药品的特性，明确化学作业中各环节的正确操作方法和注意事项，并严格遵守以下规定。

一、取样工作安全注意事项

在电厂取样工作需要取的样品有汽样、水样、油样、煤样、煤粉样等。汽、水取样的地点，应有良好的照明，取样时应戴好手套；在运行的汽轮机上取油样，应得到运行人员同意并协助工作；取煤样时，若在输煤皮带上取样，工作人员必须扎好袖口，人站在栏杆外面，不论皮带是否运转，都应逆煤流方向取样。

二、化验工作安全注意事项

(1) 化验室内应有自来水、通风设备、消防器材、急救箱、急救被酸和碱伤害时中和用的溶液、毛巾和肥皂等物品。具体操作时禁止用口尝和用鼻嗅散发出来的气味。此外，试管加热时不能把试管口朝向自己或别人，防止试管内液体冲出伤人。

（2）在化验室内放置物品时，不准把氧化剂和还原剂或其他容易相互起反应的化学药品储放在相邻的地方，以防发生化学反应。

（3）具有毒性、易燃易爆的药品，一律不准放在化验室的架子上，应储放在隔离的房间或危险品仓库内，远离厂房，并要有专人负责保管。对于易爆物品和剧毒药品，应有严格的管理制度，同时用两把锁锁定，由两个人分别保管钥匙，必须有两人以上在场才允许动用药品。

（4）对有挥发性药品，应存放在专门的柜内，操作时要戴口罩、防护镜和橡胶手套，并在通风良好的地方进行，操作场地要远离火源。

三、水处理药品的使用注意事项

（1）水处理药品在使用时应当保存完好，贴好标签，以防用错。

（2）使用和装卸这些药品的工作人员应熟悉药品的特性和操作方法。操作时必须穿工作服，戴防护镜、口罩和手套。操作人员应站在上风的位置，以防吸入飞扬的药品粉末。

（3）联氨应密封保存在露天仓库或可燃物仓库中。使用时必须有安全措施，储存装置必须密封并要在通风良好的地方。联氨的管道系统应有“剧毒危险”的标志。

四、强酸性或强碱性药品的使用注意事项

（1）酸、碱类药品都是容易起化学反应的物品，工作地点应备有自来水、药棉和急救时中和用的溶液。

（2）使用时要穿好保护服装，在搬运密封的强酸和浓苛性溶液的坛子时，应将坛子放在牢固的木箱和框子内，并用软物塞紧，木箱或篮框上应有牢固的把手。

（3）凡使用强酸、强碱的一切操作，都必须在室外或宽阔和通风良好的地方进行。配制稀酸时禁止将水倒入酸内，应将浓酸少量缓慢滴入水中并不断搅动，以防剧烈发热。开启苛性碱桶和溶解苛性碱时，均须戴手套、口罩和防护镜。

（4）发生强酸渗漏，应先用碱中和，再用水冲洗，或先用泥土吸收经扫除后再用水冲洗。当浓酸溅到眼睛内或皮肤上时，应迅速用大量水冲洗，再用0.5%的碳酸氢钠溶液清洗，经过上述紧急处理后立即送医务室急救。

（5）锅炉启动前或长期运行后，都要对其进行清洗。锅炉的清洗一般采用酸性介质，故称为酸洗。目前常用氢氟酸洗锅炉，清洗时应遵守下列规定：

1）氢氟酸应盛装在聚乙烯或硬橡胶容器内，桶盖密封，不准放在日光下曝晒。

2）参加浓酸系统工作人员除必要的防护用具以外，还须戴防毒口罩。

3）淡酸系统如有泄漏，应用红白带围起并派人看守。

4）严禁将酸洗废液直接排入河流。

五、水银的使用注意事项

（1）必须穿工作服装进行工作，工作服要经常洗涤保持清洁。

（2）不准用手直接接触水银，而应带乳胶手套。

（3）禁止在水银仪表屋内饮食。工作结束后换下工作服并洗澡。接触水银的工作人员要定期检查身体，发现中毒情况，应及时治疗并调离工作岗位。

（4）修理水银仪表的房间应与其他房间隔离，通风良好。房间地面要平滑无缝并向一边倾斜，倾斜墙边设有排水沟。墙面要涂刷油漆，漆面高度应为墙面的1/3。工作台面应向一角倾斜，在倾斜角下放置一个盛有清水的容器。

（5）盛水银的容器紧密封闭。往仪表内灌注水银时，水银容器必须覆盖一层清水；从仪表往外放水银时，必须将水银放入盛清水的容器内。如果气压表和真空表的水银容器没有盖，必须在水银面上覆盖一层2mm厚的甘油以防水银蒸发；玻璃的水银真空表或气压表需装在木制或金属制成的匣子内，并在一面装上保护玻璃以便观看。

(6) 修理水银灯或其他含有水银的物品均应按以上所述要求进行。废弃的水银灯和水银器件不准随便抛弃，应集中保管，妥善处理，防止水银污染。

六、氢的使用注意事项

(1) 氢气取样的位置和化验要正确。气体置换必须在机组静止状态下进行。置换过程中不容许做电气试验和检修工作，待化验合格后才能进行检修工作。

(2) 氢管道上的过滤网、电磁阀门、氢压表和表管等部件，要定期检查是否漏气，保证畅通。

(3) 氢设备附近的电气触点压力表，应采用防爆表计。

(4) 排污管处应经常检查，排污管的顶部应有防雨罩，附近不应有明火和焊渣掉下。

(5) 在发电机内充有氢气时或制氢设备上进行检修工作，工作人员不准穿带钉子的鞋，应使用铜制的工具，以防发生火花；必须使用钢制工具时，应涂上黄油。

(6) 在氢冷却发电机附近进行明火作业时，要对周围附近地区的气体进行取样化验，空气中含氢在3%以下，并办理动火工作票，动火工作票需经厂主管生产的领导（总工程师）批准后方可开工。

七、氯的使用注意事项

氯在常温常压下为黄绿色，是一种有刺激性、有毒的气体。常温时将氯加压到0.6~0.8MPa，它就会变成液态。加氯设备应该绝对严密，加氯时要严禁氯气漏到大气中。

第四节 起重、搬运作业安全

一、起重作业安全注意事项

起重吊装是指采用相应的机械设备和设施来完成结构吊装和设施安装。其作业属于危险作业，作业环境复杂，技术难度大。

起重的设备及工具种类繁多，除大型的龙门式、塔式起重机外，在施工现场常见的起重设备有千斤顶、链条葫芦、滑车和滑车组、卷扬机、汽车式起重机、履带式起重机等；常见的起重工具有麻绳、钢丝绳、钢绳夹头、吊环和吊钩、卸卡、地锚等。

（1）作业前应根据作业特点编制专项施工方案，并对参加作业人员进行方案和安全技术交底。

（2）作业时周边应置警戒区域，设置醒目的警示标志，防止无关人员进入。特别危险处应设监护人员。

（3）起重吊装作业大多数作业点都必须由专业技术人员作业；属于特种作业的人员，必须按国家有关规定经专门安全作业培训，取得特种作业操作资格证书，方可上岗作业。

（4）作业人员应结合现场作业条件，选择安全的位置作业。卷扬机与地滑轮穿越钢丝绳的区域，禁止人员站立和通行。

（5）吊装过程必须设有专人指挥，其他人员必须服从指挥。起重指挥不能兼作其他工种，并应确保起重司机清晰准确地听到指挥信号。

（6）作业过程必须遵守起重机“十不吊”原则。

1）超载或被吊物重量不明时不吊。

2）指挥信号不明确时不吊。

3）捆绑、吊挂不牢或不平衡可能引起吊物滑动时不吊。

4）被吊物上有人或有浮置物时不吊。

5）结构或零部件有影响安全工作的缺陷或损伤时不吊。

6）遇有拉力不清的埋置物时不吊。

7）歪拉斜吊重物时不吊。

8）工作场地昏暗，无法看清场地、被吊物和指挥信号时不吊。

9）重物棱角处与捆绑钢丝绳之间未加衬垫时不吊。

10）钢（铁）水包装得太满时不吊。

(7) 构件存放场地应该平整坚实。构件叠放用方木垫平，必须稳固，不准超高（一般不宜超过1.6m）。构件存放除设置垫木外，必要时要设置相应的支撑，提高其稳定性。禁止无关人员在堆放的构件中穿行，防止发生构件倒塌挤人事故。

(8) 在露天有6级以上大风或大雨、大雪、大雾等天气时，应停止起重吊装作业。

(9) 起重机作业时，起重臂和吊物下方严禁有人停留、工作或通过。重物吊运时，严禁人从上方通过；严禁用起重机载运人员。

(10) 起重工具使用的注意事项

1) 手动倒链。操作人员应经培训合格方可上岗作业。吊物时应挂牢后慢慢拉动倒链，不得斜向拽拉。当一人拉不动时，应查明原因，禁止多人一齐猛拉。

2) 手搬葫芦。操作人员应经培训合格方可上岗作业。使用前应检查自锁夹钳装置的可靠性，当夹紧钢丝绳后，应能往复运动，否则禁止使用。

3) 千斤顶。操作人员应经培训合格方可上岗作业。千斤顶应置于平整坚实的地面上，并垫木板或钢板，防止地面沉陷。顶部与光滑物接触面应垫硬木以防止滑动。开始操作应逐渐顶升，注意防止顶歪，始终保持重物的平衡。

二、搬运作业安全注意事项

移动设备的工作称为搬运作业。设备的搬运可分为一次搬运和二次搬运。一次搬运是指设备由制造厂运到工地仓库、设备的组装场地或堆放地，这种运输距离较长，通常采用铁路、公路或水路运输。二次搬运是指设备由工地仓库或堆放地运输到安装现场，这种运输距离一般较短，在施工现场常采用半机械化的搬运方法。在搬动过程中应遵守以下事项：

(1) 搬运物体时，不论在平整的混凝土地上或是在一般的道路上，均应铺设下走道，以防滚筒压伤手脚。添放滚杠人员不准戴手套，人应蹲在拖板两旁，滚杠从侧面插入。

（2）物体重心应放在拖板中心。拖运圆形物体时，应垫好枕木楔子；对于体积较大而底面积小的物体，应采取防止倾倒措施；对于薄壁和易碎、易变形物体，应做好加固措施。

（3）下走道的铺设应使枕木的接头互相错开，并且下走道要平直，以减少拖运时的摩擦阻力。下走道接头处要求后一块枕木不高于对接的前一块枕木接头。若超过前一块高度时，应用薄木板将前一块枕木接头处垫高。

（4）拖运物体时，切勿在不牢固的建筑物或正在运行的设备上绑扎拖运的滑车组。在工作危险区域，严禁有人停留和通行。

（5）拖运物体需打木桩绑扎滑车组时，应摸清地下有无埋设电缆、管道等情况。

（6）汽车搬运时严禁超载，应注意装车重心位置并保持重心稳定，防止刹车时物体向前移动等；汽车上公路，装运物体的长、宽、高尺寸应遵守交通部门的有关规定。

（7）汽车搬运时严禁人、货同载，并按厂内规定的车速行驶，以防人身不安全事件发生。

总之，起重和搬运在电力建设和生产中是重要的技术工作，所以从事起重和搬运的每一个工作人员，都要努力学习和钻研技术，熟悉安全知识和规程，树立“安全为了生产，生产必须安全”的思想，才能有效地工作。

第五节　带电作业安全

一、带电作业

1. 带电作业定义

带电作业是指在不停电的情况下，对电力线路和电气设备进行检修的一种技术操作。由于不需停电，它利于检修计划的实施，提高了供电可靠性和设备的可用率。因此，带电作业被电力部门广泛采用。

2. 带电作业的方法

带电作业根据人体所在的电位的高低可分为间接作业法。中间电位作业法和等电位作业法三种。

（1）间接作业法是指人处于地电位，通过绝缘工具代替人手对带电体进行作业。其特点是工作人员不直接接触带电体。

（2）中间电位作业法是指人体与地绝缘的情况下，利用绝缘工具接触带电体的作业法。其特点是工作人员处于中间电位不与带电体直接接触，这种作业法常用于220kV及以上的线路。

（3）等电位作业法是指人体与地绝缘的情况下，工作人员直接接触带电体作业法。例如，工作人员通过绝缘梯架登到带电体上进行工作等。这种作业法也称直接作业法。

二、带电作业工具的保管与试验

带电作业工具是完成每个作业项目必不可少的重要装备，也是保护带电作业人员人身安全的重要环节。带电作业工具机电性能将直接关系到带电作业的安全，只要人们严格执行工具的使用和保管制度，就能保证良好的机电性能，确保作业人员的人身安全。

1. 带电作业工具的保管应注意事项

（1）带电作业工具应存放在清洁、干燥、通风的专用房间内，房内应设有红外线干燥设备；冬季取暖设备应关闭，防止温差使绝缘工具结露受潮。

（2）工具编号注册并及时填入机电性能试验数据；对使用的带电工具，应按电压等级和作业项目建立卡片，制定工具保管使用制度；对损坏的工具，要及时维修，发现不良工具要及时处理或淘汰。

2. 带电作业工具的试验

为了保证带电作业工具具有很好的电气和机械性能，凡是在运行线路或带电设备上使用的工具都要进行电气与机械性能试验。

3. 带电作业工具一般试验周期

（1）机械试验。绝缘工具一年一次，金属工具两年一次。

（2）电气试验。预防性试验每年一次，检查性试验每年一次，两次试验间隔半年。

三、带电作业安全的基本要求

为了保证带电作业时的人身安全，不论是何种作业方法，在安全技术上都须满足下列基本要求：

（1）通过人体的电流必须限制到安全电流1mA或以下。

（2）必须将高压电场限制到人身安全和健康无损害的数值内。

（3）工作人员与带电体间的距离应保证在电力系统中发生各种过电压时，不会发生闪络放电。在进行地电位带电工作时，人身与带电体间的安全距离不得小于《电业安全工作规程》中的规定。

（4）对于比较复杂、难度较大的带电作业，必须经过现场勘察，编制相应操作工艺方案和严格的操作程序，并采取可靠的安全技术组织措施。

（5）带电作业人员必须经过专项培训，持证上岗（带电作业证、安全工作证）。

（6）作业前召开班前会，工作负责人向工作班成员进行"三交待"、"三检查"，对工器具进行必要的检查和检测。

（7）严格履行工作许可手续，未经许可工作班成员不得进入施工作业现场。

（8）进入现场，工作班成员应根据作业项目穿戴相应的劳动防护用品（如工作服、安全帽、屏蔽服、绝缘服、静电服），携带合格的工器具。工作班成员、工作负责人、专职监护人应佩戴标志。

（9）带电作业停用重合闸工作。按规程规定的中性点有效接地的系统中有可能引起单相接地的，中性点非有效接地系统中有可能引起相间短路的，工作票签发人或工作负责人认为需要停用重合闸的作业，必须停用重合闸，并不得强送电。

（10）杆上作业时正确使用安全带，站位准确，按规程要求与带电体保持足够的安全距离。

（11）带电检测绝缘子必须按规程规定进行操作。

（12）杆塔上有人工作，地面人员不得在下方逗留。在人口稠密、交通情况复杂地段作业，应设置围栏和警示，专人看守和监护，上下传递工器具必须使用绝缘绳。

（13）带电作业必须设专人监护。高杆塔上的作业应增设塔上监护人，监护人不得直接操作。

（14）带电作业过程中如设备突然停电，作业人员应视设备仍然带电，工作负责人应尽快与调度取得联系。

（15）带电作业应按规定在良好的天气下进行，特殊情况或恶劣天气下进行事故抢修，应采取可靠的安全措施，经领导批准后方可进行。

（16）带电作业人员在作业中严禁用酒精、汽油等易燃物品擦拭零部件，防止起火。

（17）进入等电位（悬挂）作业，登高人员必须携带合格的保险绳。

（18）带电作业，攀登软梯时，应设防止高处坠落的保护措施。

（19）在10～35kV电压等级的带电设备上进行作业时，为保证足够的安全距离，必须采取有效的绝缘遮蔽、绝缘隔离措施。夜间作业时，必须有足够的照明。

（20）在10～220kV电压等级的电气设备上进行带电短接、引流工作时，必须按相关规定选择设备材料，并按规程操作。

（21）使用绝缘斗臂车作业前，应检查液压各操作部件的完好状况，液压系统的油压是否符合作业规定。更换液压油，必须做电气试验。

（22）绝缘斗臂车操作人员应经专项培训，持证上岗，严格按绝缘斗臂车的有关规定进行操作。

（23）工作结束后，认真清理杆塔上的遗留物，并将工器具装入专门使用的工具袋或工具箱，防止受潮、碰撞和损伤。工作负责人向调度汇报，办理工作终结手续。

第四章 安全用具常识

实践证明，在电力生产过程工作中，无论是施工安装、运行操作和检修工作，为了保障工作人员的人身安全，顺利地完成工作任务，必须使用相应的安全工器具。安全用具是防止触电、坠落、电弧灼伤等工伤事故，保障工作人员安全的各种专用工具，这些工具是人们作业中必不可少的。

对于到电力企业实习的人员来说，了解各种安全工器具的性能，懂得各种安全工器具的用途，正确掌握它们的使用与保管方法，不论对实习还是以后的工作，都是十分重要的。

第一节 安全用具

一、安全用具的分类

1. 安全用具都分哪几类？

安全用具从总体上说，可划分为绝缘安全用具和一般防护安全用具两大类。绝缘安全用具是指带电作业或使用电气工器具时，为防止工作人员触电，必须使用的绝缘工具。依据绝缘强度和所起的作用又可分为基本安全用具和辅助安全用具两类。

2. 什么是绝缘基本安全用具？

绝缘基本安全用具是指在作业过程中能长时间直接与带电设备发生工作接触，而不使工作人员触电的绝缘工器具。这种绝缘工器具，能长时间承受相应等级的工作电压。属于这一类的基本安全用具有高压绝缘棒、高压验电器、绝缘夹钳等。

3. 什么是绝缘辅助安全用具？

所谓辅助安全用具，是指那些绝缘强度不高，不能承受高压电气设备线路的工作电压，只能起基本安全用具的加强和保护作用，用来防止接触电压、跨步电压、电弧烧灼对操作人员伤害的用具。绝缘辅助安全用具，包括绝缘手套、绝缘靴（鞋）、绝缘垫和绝缘台等。不允许用辅助绝缘安全用具直接与高压电气设备的带电部分发生接触。

4. 一般防护安全用具都含哪些用具？

一般防护安全用具的本身不具备绝缘性能，只能起到防护作用，一旦发生事故，可以减轻对工作人员伤害程度的安全用具。属于这一类安全用具的有接地线、安全帽、临时遮栏、标志牌和安全带。另外，登高用的梯子、脚扣和升降板也属于一般防护安全用具。

二、安全用具的使用方法

1. 绝缘安全用具的使用

（1）如何正确使用绝缘杆和绝缘夹钳？绝缘杆和绝缘夹钳都是绝缘基本安全用具。绝缘夹钳只用于35kV以下的电气操作。绝缘杆和绝缘夹钳都由工作部分、绝缘部分和握手部分组成。握手部分和绝缘部分用浸过绝缘漆的木材、硬塑料、胶木或玻璃钢制成，其间有护环分开。配备不同工作部分的绝缘杆，可用来操作高压隔离开关，操作跌落式保险器，安装和拆除临时接地线，安装和拆除避雷器，以及进行测量和试验等工作。绝缘夹钳主要用来拆除和安装熔断器及其他类似工作。考虑到电力系统内部过电压的可能性，绝缘杆和绝缘夹钳的绝缘部分和握手部分的最小长度应符合要求。绝缘杆工作部分金属钩的长度，在满足工作要求的情况下，不宜超过5～8cm，以免操作时造成相间短路或接地短路。

（2）如何正确使用绝缘手套和绝缘靴？绝缘手套和绝缘靴用橡胶制成。两者都作为辅助安全用具，但绝缘手套可作为低压工作的基本安全用具，绝缘靴可作为防护跨步电压的基本安全用具。绝缘手套的长度至少应超过手腕10cm。

(3) 如何正确使用绝缘垫和绝缘站台？绝缘垫和绝缘站台只作为辅助安全用具。绝缘垫用厚度5mm以上、表面有防滑条纹的橡胶制成，其最小尺寸不宜小于0.8m×0.8m。绝缘站台用木板或木条制成，相邻板条之间的距离不得大于2.5cm，以免鞋跟陷入；站台不得有金属零件；台面板用支持绝缘子与地面绝缘，支持绝缘子高度不得小于10cm，台面板边缘不得伸出绝缘子之外，以免站台翻倾，人员摔倒；绝缘站台最小尺寸不宜小于0.8m×0.8m，但为了便于移动和检查，最大尺寸也不宜超过1.5m×1.0m。

(4) 如何正确使用验电器？验电器又称测电器、试电器或电压指示器。验电器分为高压、低压两种，是检验电气设备、导线是否带电的专用器具。

低压验电器的使用方法和注意事项如下：

1) 使用前，先要在有电的导体上检查电笔是否正常发光，检验其可靠性。

2) 在明亮的光线下往往不容易看清氖泡的辉光，应注意避光。

3) 电笔的笔尖虽与螺钉旋具（螺丝刀）形状相同，但它只能承受很小的扭矩，不能像螺钉旋具那样使用，否则会损坏。

4) 低压验电器可以用来区分相线和零线，氖泡发亮的是相线，不亮的是零线。低压验电器也可用来判别接地故障。如果在三相四线制电路中发生单相接地故障，用电笔测试中性线时，氖泡会发亮；在三相三线制线路中，用电笔测试三根相线，如果两相很亮，另一相不亮，则说明这相可能有接地故障。

5) 低压验电器可用来判断电压的高低。氖泡越暗，则表明电压越低；氖泡越亮，则表明电压越高。

高压验电器使用注意事项如下：

1) 使用前必须首先确定高压验电器额定电压与被测电气设备的电压等级相适应，以免危及操作者人身安全或产生误判。

2）验电时操作者应戴绝缘手套，手握在护环以下部分，同时设专人监护。同样应在有电设备上先验证验电器性能完好，然后再对被验电设备进行检测。注意操作中是将验电器渐渐移向设备，在移近过程中若有发光或发声指示，则立即停止验电。

3）验电时人体与带电体应保持足够的安全距离，10kV 以下的电压安全距离应为 0.7m 以上。

4）验电器应每半年进行一次预防性试验。

2. 一般防护安全用具的使用

一般防护安全用具包括安全带、安全帽、接地线、临时遮栏、标志牌、脚扣、梯子、工作服、专用手套、护目镜和安全照明灯具等。

（1）如何正确使用和保管安全带？安全带是高处作业人员预防坠落伤亡的防护用具。在没有脚手架或者在没有栏杆的脚手架上工作，高度超过 1.5m 时，应使用安全带，或采取其他可靠的安全措施。

安全带使用和保管中应注意的事项有以下几点：

1）使用前应做外观检查，发现变质及金属配件有断裂时，严禁使用。

2）使用时必须做到高挂低用，至少水平栓挂，人和挂勾保持绳长的距离。切忌低挂高用，并应将活梁卡子系紧。

3）安全带上各部件不得任意拆掉，更换新绳时要注意加绳套。带子使用期 3 ~5 年，发现缺陷提前报废。

4）安全带可放入低温水中，用肥皂轻轻擦洗，再用清水漂干净，然后晒干，不允许用热水，也不准在日光下曝晒或火烤；存放安全带应避免与高温、明火、酸类物质、有锐角的坚硬物体及化学药品接触。

5）安全带每半年进行试验，不合格的要立即更换。

（2）如何正确佩戴安全帽？安全帽保护原理是安全帽受到冲击载荷时，可将其传递分布在头盖骨的整个面积上，避免集中打击在头颅一点而致命；头部和帽顶的空间位置构成一个冲击能量吸收系统，起缓冲作用，以减轻或避免外物对头部的打击伤害。按使用场合性能要求不同，安全帽又分为普通型或电报警型安全帽。

普通型安全帽的帽壳普遍采用硬质地强度较高的塑料或玻璃钢制作，包括帽舌、帽沿。帽壳内用韧性很好的衬带材料制作帽衬，由围绕头围的固定衬带、头顶部接触的衬带和箍紧后枕骨部位的后箍组成。另外，还有为戴稳帽子，系在下颏上的下颏带和通气孔等。

电报警型安全帽适合在有触电危险的环境里进行巡查作业时使用。例如在高、低压供电线路维修或安装电气设备时，当工作人员接近带电设备危险距离，安全帽会自动报警，提醒工作人员避免触电事故的发生。电报警型安全帽还具有非接触性检验高、低压线路是否断电和断线的功能。

使用电报警型安全帽应特别注意的事项有：当接近高压报警距离时，必须重按自检开关，若能发出报警声响，确证报警正确，方可进入高压区作业；安全帽用毕应放置在室内干燥、通风的地方，并远离电源。

（3）如何正确使用携带型接地线？携带型接地线是用来防止设备突然来电或因邻近高压带电设备产生感应电压对人体的触电危害，也可用来放尽停电设备的剩余电荷。携带型接地线在使用中应注意以下几点：

1）携带型接地线使用前必须认真检查接地线是否完好。夹头和铜线连接应牢固，一般应由螺栓栓紧，再加焊锡焊牢。

2）接地线应经验电确证断电后，由两人戴上绝缘手套用绝缘棒操作。装拆顺序为，装设接地线要先接接地端，后接导体端。拆接地线顺序与此相反。夹头必须夹紧，以防短路电流较大时，因接触不良熔断或因电动力作用而脱落。严禁用缠绕办法短路或接地。

3）禁止在接地线和设备之间连接刀开关、熔断器，以防工作过程中断开而失去接地作用。

4）接地线的放置位置应编号，对号入座，避免误拆、漏拆接地线造成事故。

（4）标志牌有哪几类？标志牌用木质或绝缘材料制作，是用来警告工作人员，不准接近设备带电部分，提醒工作人员在工作地点应采取的安全措施，以及表明禁止向某设备合闸送电，告知为工作人员准备的工作地点等。按其用途分为警告、允许、提示和禁止4类9种，其式样如图4－1所示。

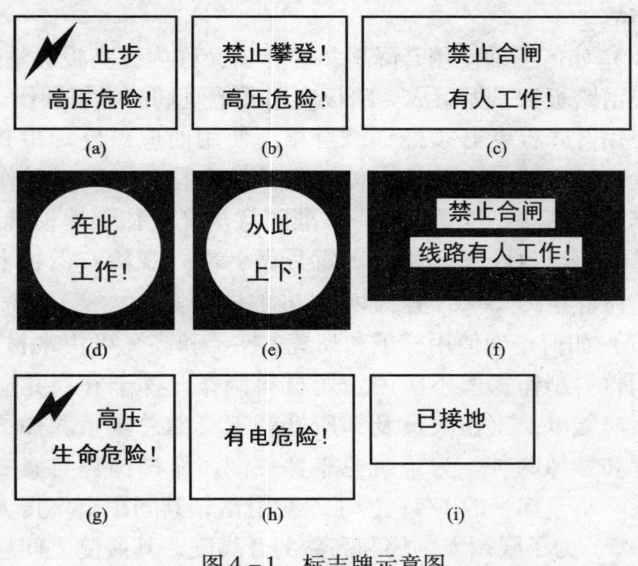

图4－1　标志牌示意图

（5）如何正确使用脚扣？脚扣是登杆用具，其主要部分用钢材制成。木杆用脚扣的半圆环和根部均有突起的小齿，以刺入木杆起防滑作用。混凝土杆用脚扣的半圆环和根部装有橡胶套或橡胶垫起防滑作用。脚扣有大小号之分，以适应电杆粗细不同之需要。登高板也是登杆用具，主要由坚硬的木板和结实的绳子组成。在使用时应注意以下几点：

1）脚扣在使用前应做外观检查，看各部分有无裂纹、腐蚀、断裂现象。若有，应禁止使用。在不用时，应每月进行一次外表检查。

2）登杆前应对脚扣做人体冲击试登以检验其强度。其方法为：登高离地0.5m处，借人体重量猛力向下蹬踩，若脚扣无变形损坏，方可使用。

3）脚扣不能随意从杆上往下扔，作业前后应轻拿轻放，并妥善保管。

4）使用脚扣必须经训练合格，掌握攀高技能，否则易发生跌伤事故。

（6）如何正确使用升降板？升降板又称为登高板、站脚板。升降板由踏板和吊绳组成。踏板应用质地坚韧的木板制作。

使用升降板者必须经训练合格。使用前应做外观检查，各部分无裂纹、腐蚀，并经人体冲击试验合格。登高时动作要平稳。作业时站立姿势要正确。不准随意从杆上往下摔扔升降板。用后整齐地存放在工具柜里。每月做一次外观检查，每半年要对绳子做静拉力2205N并持续5min的试验。

（7）如何正确使用梯子和高凳？梯子和高凳可用木材制作，也可用竹料制作，但不应用金属材料制作。梯子和高凳应坚固可靠，应能承受工作人员及其所携带工具的总重量。梯子分为人字梯和靠梯两种。为了避免靠梯翻倒，靠梯梯脚与墙之间的距离应不小于梯长的1/4；为了避免滑落，其间距离不得大于梯长的1/2。为了限制人字梯和高凳的开脚度，其两侧之间应加拉链或拉绳。为了防滑，在光滑坚硬的地面上使用的梯子的梯脚应加橡胶套或橡胶垫。在泥土地面上使用的梯子的梯脚应加铁尖。在梯子上工作时，梯顶一般应不低于工作人员的腰部，或者说工作人员应站在距离梯顶不小于1m的踏板上工作。切忌站在梯子或高凳最高处或最上面一二级踏板上工作。

（8）如何正确使用安全绳？安全绳是高空作业人员必须使用的安全保护用具，在送电线路作业时，可与护腰式安全带配合使用。

目前安全绳采用重量轻、柔性好、强度高的锦纶丝捻制成

2m、3m、5m 三种。使用之前应进行外观检查，凡连接铁件有裂纹或变形、锁扣失灵、锦纶绳断股的，均不得使用。安全绳也必须高挂低用，若高处确无绑扎点，容许挂在等高处，但不得低挂高用。

（9）如何正确悬挂安全网？安全网是用来防止因作业人员高处坠落或高处落物，使人致伤的防护用具，如送电线路施工中分解组塔时必须使用安全网。

安全网在使用前应检查网绳、网杠绳是否完好，不得用其他绳索代替。组装或解体铁塔时，安全网应该在距地面或塔内断面铁 3m 以上处的水平铁上。四角应用 10mm 粗的锦纶绳牢固地绑扎在立铁或水平铁上。

（10）护目镜在什么情况下佩戴？凡在烟灰尘粒和金属屑末飞扬的工作场所或在强光刺射肉眼的环境下，为防护眼睛不受外来伤害，应戴相应性能的护目镜。例如在砂轮机磨削金属时，工作人员应戴平光镜；焊工在进行焊割操作时，应戴专用防护墨镜。在清扫烟道、煤粉仓时也应使用护目镜。

第二节　安全色和安全标志

一、安全色

1. 什么是安全色？

安全色是表达安全信息的颜色，表示禁止、警告、指令、提示等意义。应用安全色使人们能够对威胁安全和健康的物体和环境作出尽快的反应，以减少事故的发生。安全色用途广泛，如用于安全标志牌、交通标志牌、防护栏杆及机器上不准乱动的部位等。安全色的应用必须是以表示安全为目的和有规定的颜色范围。安全色与热力设备管道及电气母线涂色的作用、规定是完全不同的，两者不应混淆。

2. 安全色的含义和用途有哪些？

安全色应用红、蓝、黄、绿四种，其含义和用途分别如下：

红色表示禁止、停止、消防和危险的意思。禁止、停止和有危险的器件设备或环境涂以红色的标记。例如禁止标志、交通禁止标志、消防设备、停止按钮和停车、刹车装置的操纵把手、仪表刻度盘上的极限位置刻度、机器转动部件的裸露部分、液化石油气槽车的条带及文字、危险信号旗等。

黄色表示注意、警告的意思。需警告人们注意的器件、设备或环境涂以黄色标记。例如警告标志、交通警告标志、道路交通路面标志、传动带轮及其防护罩的内壁、砂轮机罩的内壁、楼梯的第一级和最后一级的踏步前沿、防护栏杆及警告信号旗等。

蓝色表示指令、必须遵守的规定。如指令标志、交通指示标志等。

绿色表示通行、安全和提供信息的意思。可以通行或安全情况涂以绿色标记。例如表示通行、机器启动按钮、安全信号旗等。

3. 安全色颜色与心理活动有哪些联系?

安全色是表达传递安全信息的颜色，不同色彩对人的心理活动产生不同的影响，同时也使人的生理行为产生不同的反应。目的是使人们能够迅速发现或分辨安全标志和提醒人们注意，以防发生事故。

红色，在人们心理上产生很强的兴奋感和刺激性，易使人的神经紧张，血压升高，心跳和呼吸加快，从而引起高度警觉。因此，用于各种警灯、机器、工具上的紧急停止手柄或按钮、禁止人们触动的部位、消防车辆器材和消防警示标志。

蓝色，在太阳光直射下颜色较明显。工厂用蓝色做指令标志的颜色，如必须佩戴个人防护用具指令等。

黄色，对人眼睛能产生比红色更高的明亮度，注目性和视觉性都非常好，特别能引起人的注意，所以用作警告性的色彩。如安全帽、信号灯、信号旗、危险机器部位和坑池周围的警戒线等。

绿色，在心理上能使人联想到大自然的一片翠绿，由此产生舒适、恬静、安全感。因而在安全通道、太平门、消防设备和其他安全防护设置的位置，用绿色表示安全的信息。

4. 安全色的用途

安全色使用部位很多，安全标志牌、交通标志牌、防护栏杆、机器上禁动部位、紧急停止按钮、安全帽、起重机、升降机、行车道中线等处，都应涂刷相应的安全色。

二、安全标志

安全标志是指操作人员容易产生错误而造成事故的场所，为了确保安全，提醒操作人员注意所采用的一种特殊标志。目的是引起人们对不安全因素的注意，预防事故的发生。安全标志不能代替安全操作规程和保护措施。根据国家有关标准，安全标志应由安全色、几何图形和图形符号构成。

安全标志分为禁止标志、警告标志、指令标志和提示标志四大类型。

1. 禁止标志

禁止标志是禁止人们不安全行为的图形标志。禁止标志牌的牌底涂红色，几何图形是带斜杠的圆环，如图 4 -2 所示。

图 4 -2　禁止标志

2. 警告标志

警告标志是提醒人们对周围环境引起注意，以避免可能发生危险的图形标志。警告标志牌涂黄色底漆，几何图形为正三角形，如图 4 -3 所示。

图 4－3　警告标志

3. 指令标志

指令标志的含义是强制人们必须做出某种动作或采用防范措施的图形标志。指令标志的基本形式是圆形边框，如图 4－4 所示。

图 4－4　指令标志

4. 提示标志

提示标志的含义是向人们提供某种信息（如标明安全设施或场所等）的图形标志。提示标志的基本形式是正方形边框。提示标志提示目标的位置时要加方向辅助标志。按实际需要指示左向或下向时，辅助标志应放在图形标志的左方，如指示右向时，则应放在图形标志的右方，如图 4－5 所示。

图 4－5　应用方向辅助标志示例

5. 文字辅助标志

文字辅助标志的基本形式是矩形边框，有横写和竖写两种形式。

横写时，文字辅助标志写在标志的下方，可以和标志连在一起，也可以分开。

禁止标志、指令标志为白色字；警告标志为黑色字。禁止标志、指令标志衬底色为标志的颜色，警告标志衬底色为白色，如图 4 –6 所示。

图 4 –6　横写的文字辅助标志

竖写时，文字辅助标志写在标志杆的上部。

禁止标志、警告标志、指令标志、提示标志均为白色衬底，黑色字。

标志杆下部色带的颜色应和标志的颜色相一致，如图 4 –7 所示。

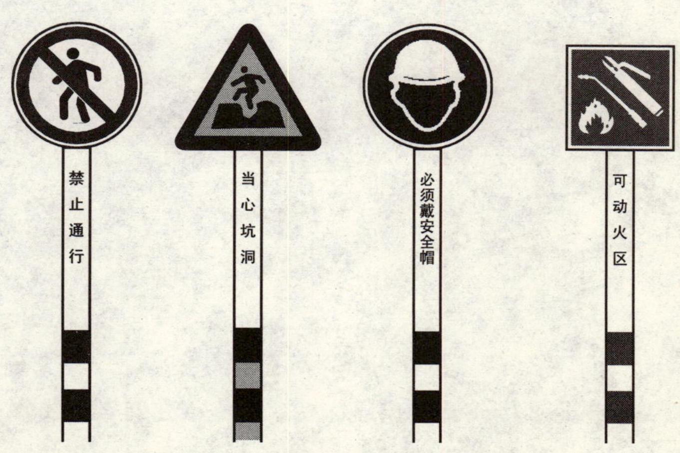

图 4 –7　竖写在标志杆上部的文字辅助标志

6. 安全标志牌的其他要求

（1）安全标志牌要有衬边。除警告标志边框用黄色勾边外，其余全部用白色将边框勾一窄边，即为安全标志的衬边，衬边宽度为标志边长或直径的 0.025 倍。

（2）标志牌的材质。安全标志牌应采用坚固耐用的材料制作，一般不宜使用遇水变形、变质或易燃的材料。有触电危险的作业场所应使用绝缘材料。

（3）标志牌表面质量。除上述要求外，标志牌图形应清楚，并无毛刺、孔洞和影响使用的任何疵病。

第五章
消 防 安 全 知 识

在发供用电生产过程中，有许多容易引起火灾的客观因素。如火电厂存有大量的煤、煤粉、原油、可燃气体，汽轮机的透平油和变压器、断路器的绝缘油，发电机冷却用的氢气，多而长的电缆以及变电运行中带油设备的短路电弧等，如果防火措施不力，都极容易酿成火灾事故。因此，为确保发电厂、变电所及电力生产的消防安全，必须认真贯彻“预防为主，防消结合”的方针，严格执行《电力设备典型消防规程》，切实落实原电力工业部和公安部颁发的各项消防及防火技术措施，完善电力生产区域必配的消防设施，提高全体职工的消防安全意识和消防安全知识。

第一节 消 防 基 本 常 识

依据《消防法》第二条：消防工作贯彻预防为主，防消结合的方针。

“预防为主，防消结合”就是把同火灾作斗争的两个基本手段——预防火灾和扑救火灾结合起来。在消防工作中，要把火灾预防放在首位，积极贯彻落实各项防火措施，力求防止火灾的发生。无数事实证明，只要人们具有较强的消防安全意识，自觉遵守、执行消防法律、法规以及国家消防技术标准，遵守安全操作规程，大多数火灾是可以预防的。

在现实生活中各种火灾时有发生，因此人们必须切实做好扑救火灾的各项准备工作，一旦发生火灾，能够及时发现，有效扑救，最大限度地减少人员伤亡和财产损失。

一、防火灭火基本知识

1. 物质燃烧的条件

物质燃烧必须具备以下三个基本条件：

（1）可燃物；

（2）助燃物；

（3）火源。

具备以上三个基本条件，并且三者互相结合，互相作用，物质才能燃烧。例如生火炉，只有具备了木材（可燃物）、空气（助燃物）、火柴（火源）三个条件，才能使火炉点燃。一切防火灭火行为都是为了防止或终止燃烧条件互相结合互相作用而采取的针对性措施。

2. 火灾的定义与分类

（1）火灾的定义。在时间和空间上失去控制的燃烧所造成的灾害（GB 5907—1986）。

（2）火灾的分类：火灾分为A、B、C、D四类（GB 4968—1985）。

A类火灾：指固体物质火灾。这种物质往往具有有机物性质，一般在燃烧时能产生灼热的余烬，如木材、棉、毛、麻、纸张火灾等。

B类火灾：指液体火灾和可熔化的固体火灾，如汽油、煤油、原油、甲醇、乙醇、沥青、石蜡火灾等。

C类火灾：指气体火灾，如煤气、天然气、甲烷、乙烷、丙烷、氢气火灾等。

D类火灾：指金属火灾，如钾、钠、镁、钛、锆、锂、铝镁合金火灾等。

3. 几类常见灭火器的灭火原理和使用方法

（1）二氧化碳灭火器灭火原理和使用方法是什么？二氧化碳灭火剂是一种具有100多年历史的灭火剂，其价格低廉，获取、制备容易，主要依靠窒息作用和部分冷却作用灭火。二氧化碳灭火器主要用于扑救贵重设备、档案资料、仪器仪表、600V以下电气设备及油类的初起火灾。在使用时，应首先将灭火器提到起火地点，放下灭火器，拔出保险销，一只手握住喇叭筒根部的手柄，另一只手紧握启闭阀的压把。对没有喷射软管的二氧化碳灭火器，应把喇叭筒往上扳70°~90°。使用时，不能直接用手抓住喇叭筒外壁或金属连接管，防止手被冻伤。在使用二氧化碳灭火器时，在室外使用的，应选择上风方向喷射；在室内窄小空间使用的，灭火后操作者应迅速离开，以防窒息。

（2）干粉灭火器的灭火原理和使用方法是什么？干粉灭火器内充装的是干粉灭火剂。干粉灭火剂是用于灭火的干燥且易于流动的微细粉末，由具有灭火效能的无机盐和少量的添加剂经干燥、粉碎、混合而成微细固体粉末组成。它是一种在消防中得到广泛应用的灭火剂，且主要用于灭火器中。除扑救金属火灾的专用干粉化学灭火剂外，干粉灭火剂一般分为BC干粉灭火剂（碳酸氢钠）和ABC干粉（磷酸胺盐）两大类。一是靠干粉中的无机盐的挥发性分解物，与燃烧过程中燃料所产生的自由基或活性基团发生化学抑制和副催化作用，使燃烧的链反应中断而灭火；二是靠干粉的粉末落在可燃物表面外，发生化学反应，并在高温作用下形成一层玻璃状覆盖层，从而隔绝氧，进而窒息灭火。另外，还有部分稀释氧和冷却作用。

干粉灭火器最常用的开启方法为压把法，将灭火器提到距火源3~5m后，拔去保险销，喷管对准火焰根部，反复压下压把，灭火剂便会喷出灭火。开启干粉灭火棒时，左手握住其中部，将喷嘴对准火焰根部，右手拔掉保险卡，顺时针方向旋转开启旋钮，打开贮气瓶，滞时1~4s，干粉便会喷出灭火。

（3）简易式灭火器的适用范围和使用方法是什么？简易式灭火器是近几年开发的轻便型灭火器。它的特点是灭火剂充装量在500g以下，压力在0.8MPa以下，而且是一次性使用，不能再充装的小型灭火器。按充入的灭火剂类型分，简易式灭火器有1211灭火器，也称气雾式卤代烷灭火器；简易式干粉灭火器，也称轻便式干粉灭火器；还有简易式空气泡沫灭火器，也称轻便式空气泡沫灭火器。简易式灭火器适用于家庭使用，简易式1211灭火器和简易式干粉灭火器可以扑救液化石油气灶及钢瓶角阀或煤气灶等处的初起火灾，也能扑救火锅起火和废纸篓等固体可燃物燃烧的火灾。简易式空气泡沫灭火器适用于油锅、煤油炉、油灯和蜡烛等引起的初起火灾，也能对固体可燃物燃烧的火进行扑救。

使用简易式灭火器时，手握灭火器筒体上部，大拇指按住开启钮，用力按下即能喷射。在灭液化石油气灶或钢瓶角阀等气体燃烧的初起火灾时，只要对准着火处喷射，火焰熄灭后即将灭火器关闭，以备复燃再用；如果灭油锅火，应对准火焰根部喷射，并左右晃动，直至扑灭火。灭火后应立即关闭煤气开关，或将油锅移离加热炉，防止复燃。用简易式空气泡沫灭火器灭油锅火时，喷出的泡沫应对着锅壁，不能直接冲击油面，防止将油冲出油锅，扩大火势。

4. 如何应对初起火灾

火场上，火势发展大体经历四个阶段，即初起阶段、发展阶段、猛烈阶段和熄灭阶段。在初起阶段，火灾比较易于扑救和控制。据调查，约有45%以上的初起火灾是由当事人或义务消防队员扑灭的。人们应该如何去应对初起火灾呢？

（1）掌握消防知识是成功扑灭初起火灾的基本条件。单位、部门以及每个家庭成员应不断提高消防知识的学习训练意识，增强自防自救能力，如参加各类消防培训，参观消防站，订阅消防科普书刊，点击消防网站等。通过形式多样的学习训练，具备一定的灭火知识和技能，是成功扑救初起火灾的基本条件。

（2）及时准确的报警是控制火势蔓延的关键。无论何时何地发生火灾都要立即报警，一方面要向周围人员发出火警信号，如单位失火要向周围人员发出呼救信号，通知单位领导和有关部门等；另一方面要向“119”消防指挥中心报警。不管火势大小，只要发现起火就应向消防指挥中心报警。即使有能力扑灭火灾，一般也应当报警。因为火势发展往往是难以预料的，如扑救方法不当，或对起火物质的性质了解不够，或灭火器材的效用所限等，都可能控制不了火势而酿成火灾。

（3）疏散与抢救被困人员是火灾初起时的首要任务。火灾发生时，义务消防队员和其他在场人员必须坚持救人重于救火的原则。尤其是人员集中场所，更要采取稳妥可靠的措施，积极组织人员疏散。要通过喊话引导，稳定被困人员情绪，及时打开疏散通道等方法措施，积极抢救被烟火围困的人员。只要方法得当，绝大多数火灾现场的被困人员是可以安全疏散或通过自救而脱离险境的。

（4）掌握正确的灭火方法是成功扑灭初起火灾的保证。面对初起火灾，必须掌握正确的灭火方法，科学合理地使用灭火器材和灭火剂。

冷却灭火法是将灭火剂直接喷洒在可燃物上，使可燃物的温度降低到燃点以下，从而使燃烧停止。除用冷却法直接灭火外，还可用水冷却尚未燃烧的可燃物质，防止其达到燃点而着火；也可用水冷却受火势威胁的生产装置或容器，防止其受热变形或爆炸。

隔离灭火法是将燃烧物与附近可燃物隔离开，从而使燃烧停止。如将火源附近的易燃易爆物品移到安全地点；采取措施阻拦、疏散易燃可燃液体或可燃气体扩散；拆除与火源相毗邻的易燃建筑物，形成阻止火势蔓延的空间地带等。

窒息灭火法是采取适当的措施，阻止空气进入燃烧区，或用惰性气体稀释空气中的氧气，使燃烧物质缺乏或断绝氧气而熄灭。采用湿棉被、湿麻袋、沙土、泡沫等不燃、难燃材料覆盖燃烧物或封闭着火孔洞、桶口等，都是窒息灭火法。另外，居民油锅起火，熄火将锅盖盖上即可灭火。如果液化石油气器具发生火灾，在关闭阀门无效或没有条件关闭阀门断绝气源的情况下，可用浸湿的棉被覆盖燃烧器具使火窒息，灭火以后打开门窗驱散室内气体。

抑制灭火法是将化学灭火剂喷入燃烧区参与燃烧反应，终止链反应而使燃烧停止。采用这种方法可使用的灭火剂有干粉、泡沫和卤代烷灭火剂等。

5. 发生火灾，先报警还是先灭火？

通常情况下，发生火灾后，报警与救火应同时进行。救火是分秒必争，早报警，消防车就会早到，把火灾扑灭在初起阶段；耽误了时间，小火就可能变成大火，小灾就会变成大灾。火灾的发展常常难以预料，有时似乎火势不大，认为自己能够扑救，但是往往因各种因素，火势会突然扩大，此时才报警，会耽搁灭火。据统计，火灾损失的大小与报警迟早有很大的关系。因此，发生火灾应牢记报警与救火同时进行。

发生火灾，现场只有一个人时，应一边呼救，一边进行灭火。如果认为无能力扑灭这次火灾，就应该赶快报警，并在报警的路上边喊边跑，以便取得群众帮助。

报警时应沉着，准确地讲清起火所在地区、街道、房屋门牌号码或起火单位，燃烧物是什么，火势大小，报警人姓名以及所用的电话号码。

6. 学生宿舍防火须知

（1）使用安全电器，到正规商店购买插座、台灯，认准安全标志、出厂证明和检验合格证。

（2）不使用热得快、电炉、电炒锅、电茶壶、电热毯等大功率危险电器；及时制止其他同学使用类似威胁大家安全的电器。

（3）在寝室内不使用蜡烛等明火，不焚烧信件杂物。

（4）离开宿舍前拔掉所有电源插头。

（5）寝室内不提倡吸烟，偶有吸烟要及时熄灭，不要随意乱扔烟头，尤其注意不要把烟头、火柴等扔到垃圾桶内。

（6）留意宿舍楼内的消防器材放置地点和使用方法，熟悉宿舍楼内的安全通道，以防万一。

(7) 台灯放在桌上使用，不放在床头使用。

(8) 电源接线板不放在床上，电源不与床架等金属物接触。

二、火场逃生十三诀

每个人都在祈求平安，但天有不测风云，人有旦夕祸福，一旦火灾降临，在浓烟、毒气和烈焰包围下，不少人葬身火海，也有人死里逃生，幸免于难。“只有绝望的人，没有绝望的处境”，面对滚滚浓烟和熊熊烈焰，只要冷静机智地运用火场自救与逃生知识，就有极大可能拯救自己。因此，掌握多一些火场自救的要诀，困境中也许就能获得第二次生命。

第一诀：逃生预演，临危不乱。

每个人对自己工作、学习或居住的建筑物的结构及逃生路径要做到了然于胸，必要时可集中组织应急逃生预演，使大家熟悉建筑物内的消防设施及自救逃生的方法。这样，火灾发生时，就不会觉得走投无路了。

请记住：事前预演，将会事半功倍。

第二诀：熟悉环境，暗记出口。

当你处在陌生的环境时，如入住酒店、商场购物、进入娱乐场所时，为了自身安全，务必留心疏散通道、安全出口及楼梯方位等，以便关键时候能尽快逃离现场。

请记住：在安全无事时，一定要居安思危，给自己预留一条通路。

第三诀：通道出口，畅通无阻。

楼梯、通道、安全出口等是火灾发生时最重要的逃生之路，应保证畅通无阻，切不可堆放杂物或设闸上锁，以便紧急时能安全迅速地通过。

请记住：自断后路，必死无疑。

第四诀：扑灭小火，惠及他人。

当发生火灾时，如果发现火势并不大，且尚未对人造成很大威胁，周围又有足够的消防器材，如灭火器、消防栓等，应奋力将小火控制、扑灭。千万不要惊慌失措地乱叫乱窜，置小火于不顾而酿成大灾。

请记住：争分夺秒扑灭“初期火灾”。

第五诀：保持镇静，明辨方向，迅速撤离。

突遇火灾，面对浓烟和烈火，首先要强令自己保持镇静，迅速判断危险地点和安全地点，决定逃生的办法，尽快撤离险地。千万不要盲目地跟从人流和相互拥挤、乱冲乱窜。撤离时要注意，朝明亮处或外面空旷地方跑，要尽量往楼层下面跑。若通道已被烟火封阻，则应背向烟火方向离开，通过阳台、气窗、天台等往室外逃生。

请记住：人只有沉着镇静，才能想出好办法。

第六诀：不入险地，不贪财物。

在火场中，人的生命是最重要的。身处险境，应尽快撤离，不要因害羞或顾及贵重物品，而把宝贵的逃生时间浪费在穿衣或寻找、搬离贵重物品上。已经逃离险境的人员，切莫重返险地，自投罗网。

请记住：留得青山在，不怕没柴烧。

第七诀：简易防护，蒙鼻匍匐。

逃生时经过充满烟雾的路线，要防止烟雾中毒、预防窒息。为了防止火场浓烟呛人，可采用毛巾、口罩蒙鼻，匍匐撤离的办法。烟气较空气轻而飘于上部，贴近地面撤离是避免烟气吸入、滤去毒气的最佳方法。穿过烟火封锁区，应配戴防毒面具、头盔、阻燃隔热服等护具。如果没有这些护具，那么可向头部、身上浇冷水或用湿毛巾、湿棉被、湿毯子等将头、身裹好，再冲出去。

请记住：多件防护工具在手，总比赤手空拳好。

第八诀：善用通道，莫入电梯。

按规范标准设计建造的建筑物，都会有两条以上逃生楼梯、通道或安全出口。发生火灾时，要根据情况选择进入相对较为安全的楼梯通道。除可以利用楼梯外，还可以利用建筑物的阳台、窗台、天井、屋顶等攀到周围的安全地点。沿着落水管、避雷线等建筑结构中凸出物滑下楼也可脱险。在高层建筑中，电梯的供电系统在火灾时随时会断电，或因热作用电梯变形而使人被困在电梯内，同时由于电梯井犹如贯通的烟囱般直通各楼层，有毒的烟雾直接威胁被困人员的生命，因此，千万不要乘普通的电梯逃生。

请记住：逃生的时候，乘电梯极危险。

第九诀：缓降逃生，滑绳自救。

高层、多层公共建筑内一般都设有高空缓降器或救生绳，被困人员可以通过这些设施安全地离开危险的楼层。如果没有这些专门设施，而安全通道又已被堵，救援人员不能及时赶到的情况下，你可以迅速利用身边的绳索或床单、窗帘、衣服等自制简易救生绳，并用水打湿从窗台或阳台沿绳缓滑到下面楼层或地面，安全逃生。

请记住：胆大心细，救命绳就在身边。

第十诀：避难场所，固守待援。

假如用手摸房门已感到烫手，此时一旦开门，火焰与浓烟势必迎面扑来，逃生通道被切断且短时间内无人救援。这时候，可采取创造避难场所，固守待援的办法。首先应关紧迎火的门窗，打开背火的门窗，用湿毛巾或湿布塞堵门缝，或用水浸湿棉被蒙上门窗，然后不停用水淋透房间，防止烟火渗入，固守在房内，直到救援人员到达。

请记住：坚盾何惧利矛？

第十一诀：缓晃轻抛，寻求援助。

被烟火围困暂时无法逃离的人员，应尽量呆在阳台、窗口等易于被人发现和能避免烟火近身的地方。在白天，可以向窗外晃动鲜艳衣物，或外抛轻型晃眼的东西；在晚上，可以用手电筒不停地在窗口闪动或者敲击东西，及时发出有效的求救信号，引起救援者的注意。因为消防人员进入室内都是沿墙壁摸索行进的，所以在被烟气窒息失去自救能力时，应努力滚到墙边或门边，便于消防人员寻找、营救。此外，滚到墙边也可防止房屋结构塌落砸伤自己。

请记住：充分暴露自己，才能争取有效拯救自己。

第十二诀：火已及身，切勿惊跑。

火场上的人如果发现身上着了火，千万不可惊跑或用手拍打，因为奔跑或拍打时会形成风势，加速氧气的补充，促旺火势。当身上衣服着火时，应赶紧设法脱掉衣服或就地打滚，压灭火苗；能及时跳进水中或让人向身上浇水，帮助扑打就更有效了。

请记住：就地打滚虽狼狈，烈火焚身可免除。

第十三诀：跳楼有术，虽损求生。

身处火灾烟气中的人，精神上往往极端恐怖和接近崩溃，惊慌的心理极易导致不顾一切的伤害性行为，如跳楼逃生。应该注意的是：只有消防队员准备好救生气垫并指挥跳楼时或楼层不高（一般4层以下），非跳楼即烧死的情况下，才采取跳楼的方法。即使已没有任何退路，若生命还未受到严重威胁，也要冷静地等待消防人员的救援。跳楼也要讲技巧，跳楼时应尽量往救生气垫中部跳或选择有水池、软雨篷、草地等方向跳；如果有可能，要尽量抱些棉被、沙发垫等松软物品或打开大雨伞跳下，以减缓冲击力。如果徒手跳楼，一定要爬窗台或阳台，使身体自然下垂跳下，以尽量降低垂直距离，落地前要双手抱紧头部，身体弯曲卷成一团，以减少伤害。跳楼虽可求生，但会对身体造成一定的伤害，所以要慎之又慎。

请记住：跳楼不等于自杀，关键是要有办法。

第二节　防止电力企业火灾

火电厂及变电所常见火灾发生的部位是油系统，输煤、制粉系统，电气设备（电缆、含油断路器等）。电网中的输电、变电、配电和用电系统中的各种电气设备都具有大量易燃、可燃物质和较高的运行温度，因此，重点做好这些部位的防范工作是确保电力安全生产的重要工作之一。

一、电缆防火

做好电缆防火，一定要做好以下工作：

（1）对控制室、开关室通往夹层、隧道，穿越楼板、墙壁的电缆孔洞和盘面之间的缝隙，必须采用阻燃材料严密封堵。

（2）电缆竖井应分段作防火隔离。对敷设在隧道和厂房内构架上的电缆，要采取分段阻燃措施。

（3）电缆夹层、隧道等处要定期检查清理，保持清洁，不积粉尘，不积水，安全电压的照明充足，禁止在电缆通道内堆放杂物，严禁在有可燃气及油管道穿越。

（4）在厂房内敷设的电缆要组织分区负责，并定期清扫积灰、积粉；靠近高温管道、阀门以及各种油管道阀门附近的电缆要按规范布置，并采取隔热、防火措施。

（5）对电缆接头及区域应有防火防爆措施。新、扩建工程设计应有完善的电缆防火措施，施工中要严格按照设计要求完成各项电缆防火措施，并与主体工程同时投入生产。

（6）在扑救电缆火灾时，应戴防毒用的空气呼吸器及绝缘手套、鞋（靴）。

二、油系统防火

做好油系统的防火，应注意以下几点：

（1）油系统的法兰禁止使用塑料垫或橡皮垫。

（2）油管道法兰、阀门及可能泄漏部位附近不准有明火，必须明火作业时，要采取有效措施。

（3）油系统附近的热管道或其他热体保温层应坚固完整，并包好铁皮。卸油区及油灌区须有避雷、接地及防静电装置。

（4）油区的各项设施应符合防火防爆要求，消防设施应完善，防火标志要明显，防火制度要健全。

（5）严禁吸烟，严禁将火种带进油区，严格执行防火制度。

三、输煤制粉系统防火

制粉系统要及时消除漏粉点并及时清除漏出的煤粉；要经常检查输煤系统、制粉系统积煤积粉的情况，在输煤皮带停止上煤期间也应坚持巡视检查，发现积煤积粉要及时彻底清理，防止燃煤自燃烧坏设备和输煤皮带。清理煤粉时，要使用防爆行灯，杜绝明火，防止煤粉爆燃起火。在煤粉浓度大的场所动用明火时，必须经仪器测定和办理动火工作票后方可工作。输煤栈桥的消防系统必须完好。

四、电气设施防火

在电力变压器、油浸电抗器、消防弧线圈、互感器、充油断路器、油断路器、电力电容器、500kV 的穿墙套管电气设施上，要注意油品质的变化、温度的升高、负荷的过载、外力破坏及油的泄漏等。

另外，对氢气系统和其他易燃易爆物品的存放、使用也应采取有效的防火防爆措施。同时对重点防火部位必须要有完善的消防设施和建立训练有素的专业或群众性消防组织，以加强管理。全体职工应掌握“三懂三会”，即懂火灾危险性，懂预防措施，懂扑救方法，会使用消防器材，会处理事故，会报火警，力求在起火初期及时发现，及时扑灭。

五、易燃易爆物品防火防爆

1. 易燃易爆物品的运输

（1）运输易燃易爆物品时，必须装牢固、严密，使用符合安全要求的运输工具，性质相抵触的物品不能混装在同一车箱。装有易燃易爆物品的车箱，禁止同时载运旅客和其他易燃易爆物品；禁止随身携带爆炸物和火种的人员搭乘各种车辆。

（2）使用汽车或者人力运输易燃易爆物品时，前后要保持一定的距离，遇到人烟密集区，应当绕道通过，通过时应与有关部门联系，共商措施，确保安全。

（3）运输易燃易爆物品需在中途停车时，要远离建筑和居民区，指定专人看管，附近严禁烟火。

（4）装卸易燃易爆物品时，要在有领导有组织有指挥下进行，参加人员应懂基本常识（不懂时应事前交待清楚），严禁违章操作。装卸工作宜在白天进行，特需夜间装卸时，须有充足照明，装卸地点禁止非工作人员进入和靠近。

（5）高温季节运输易燃易爆物品时，一般应在早晚运输比较安全。遇雨雪天时，要停止运输。

2. 易燃易爆物品的储存和保管

（1）易燃易爆物品应放置在专门场所，设置“严禁烟火”标志，并有专人负责管理。管理人员应熟知易燃易爆物品的火灾危险性和管理储存方法，以及发生事故的处理方法。

（2）易燃易爆物品库不应设在建筑物的地下室、半地下室内。

（3）易燃易爆物品库房应有隔热降温及通风措施，并设置防爆型通风排气装置。

（4）危险品仓库内若要动火检修，必须执行动火工作票制度。

（5）易燃易爆物品进库，必须加强入库检验，若发现品名不符、包装不合格、容器渗漏时，必须立即转移到安全地点或专门的房间内处理。

（6）易燃易爆危险品仓库的一切电气设施应符合安全规程的防爆要求，每天下班前应切断电源方可离开。

（7）对雷管、炸药等易燃易爆物品，必须按其特性严格分库保管，严禁车间、部门内或私人存放；对剩余量，应立即退库保存。

（8）对雷管、炸药等危险品，必须执行“五双”制度（即双人保管、双锁、双人领、双人用、双账）。在领用时需经有关部门领导批准。

（9）班组对存放的少量易燃品要采取防火措施，如使用的油类应放在金属密闭的容器内，不可与其他可燃物混放。

（10）化学危险品必须严格实行分类储存，性质相互抵触或者施救方法不同的物品不能混放在一起。

（11）严禁把易燃易爆物品存放在办公室、值班室、控制室等场所。

（12）能自燃的物品和化学易燃物品堆，应布置在温度较低、通风良好的场所，并应有专人定时测温。

（13）遇水容易发生燃烧、爆炸的化学易燃物品，不得存放在潮湿和容易积水的地点。

（14）受阳光照射易燃烧、爆炸的化学物品，不得在露天存放；闪点在45℃以下的桶装易燃液体，亦不准在露天存放，如果需要存放，则不准在炎热季节露天存放，必须采取降温措施以后才能存放。

（15）化学易燃物品已装容器应牢固、密封，发现破损、残缺、变形，物品变质、分解等情况时，应当立即进行安全处理。

（16）库区和库房内要经常保持清洁，对散落的易燃物品和库区的杂草，应当及时清除；对用过的浸油棉纱、油布等物品，应及时处理。

（17）使用易燃易爆危险品的工地临时存放危险物品时，不得超过规定限量，并选择安全可靠的位置单独存放，由专人保管，严禁存放在施工现场和工棚内。

3. 易燃易爆物品的使用

（1）使用易燃易爆物品，必须建立严格的发放、登记、回收和检查制度，切实做到限额领料，活完料净；原则上按当日使用量发放给班组，做到班组基本上不存放易燃易爆物品。

（2）使用易爆炸物品必须由具有专业知识和安全知识的人负责，否则必须经过培训考核合格后方可作业。

（3）严禁在现场作业后，将易爆物品个人自带、私存，更不准移作他用或私自赠送他人。

第三节 电力消防管理办法

各电力单位都应按照国家有关规定并结合本单位的实际制定出本单位的消防管理办法。下面以某变电所制定的管理办法为例，介绍一下电力消防管理办法的一般规定及措施。

《某变电所电力消防管理办法》

为了预防火灾和减小火灾危害，保护职工人身安全和企业财产安全，保证变电所安全生产，根据《中华人民共和国消防条例》和电力工业“安全第一”及消防工作“预防为主”的方针，结合我所实际，特制定本办法。

一、组织建设

电力企业按照“谁主管，谁负责”的原则，建立各级人员防火责任制。

变电所成立以所长为第一责任人，各站队负责人和专职安监员、义务消防队员共同负责的义务消防队，负责全所的防火安全。

二、工作任务

义务消防队的任务是在电力公司保卫部门和上级安全部门的领导下，贯彻“预防为主，防消结合”的方针，广泛开展消防安全教育和防火安全检查，健全消防制度，强化消防监督管理，不断改善防火条件，防止火灾的发生，最大限度地减少火灾损失，保护企业财产安全和全厂职工的财产及生命安全。

三、防火重点部位

（1）防火重点部位是指火灾危险性大、发生火灾损失大、伤亡大、影响大（简称四大）的部位及场所。对我所而言，一般指仓库、控制室、档案室、变压器、电缆间及隧道、蓄电池室、易燃易爆物品存放地以及单位主管认定的其他部位和场所。

（2）防火重点部位或场所应建立防火检查制度和防火岗位责任制，落实消防措施。即该防火重点部位有专人负责，有灭火方案，有计划、有组织、有记录地进行防火检查，发现火险隐患，应立案限期整改。

（3）防火重点部位应有明显标志，并在指定地点悬挂特定的标志牌，内容包括：防火重点部位名称、场所负责人及防火责任人。

（4）防火重点部位或场所如需动火工作时，必须执行动火工作票制度。

四、消防器材的配备及管理

根据消防重点部位有可能产生燃烧介质的不同和火灾扑救保护物的特性，变电所应配备有以下几种灭火器和灭火设施：

（1）用于扑灭有机溶剂等易燃液体、可燃气体和电气设备初起火灾的干粉灭火器。

（2）用于扑救贵重设备、档案资料、仪器表、600V以下电气设备及油类等初起火灾的二氧化碳灭火器。

（3）用于扑救贵重物资仓库、配电室、档案室和车、船及油类、电气、仪表等初起火灾的1211灭火器。

（4）消防员使用的个人装备（专用服装、安全带、安全钩、安全绳、破拆工具）。

（5）主控室、库房应按国家《建筑灭火器配置设计规范》及有关规定配置消防设施和配备消防器材，保证消防供水。

（6）各种消防器材分布合理，摆放在便于取用、通风良好的地方。室外消防器材应摆放在防雨的箱、架、柜内，严禁与油类及酸、碱等有腐蚀性的化学物品接触。

（7）消防设备、器材应指定专人管理、维护、保养和更换并挂牌管理，任何人不准挪作他用，确保完好能用。

五、奖罚

对认真履行义务消防员职责，模范贯彻执行消防制度，及时发现和消除火灾隐患，扑救火灾，避免了重大损失的和热爱消防工作，积极参加防火、灭火训练，成绩突出，工作表现突出的班组、个人，将给予表彰、奖励。对违反消防制度，玩忽职守，造成失火事故，引发火灾的班组及个人，视情节轻重由本所和上级主管部门给予行政处分或经济处罚，构成严重后果的，由司法部门予以追究刑事责任。

第六章
应急救援基本常识

在电力企业生产实践中，搞好事故预防的同时，工作人员还应了解一些有关现场紧急救护的简单知识，一旦发生事故，便能进行迅速而恰当的互救和自救，最大限度地降低生命和财产的损失。施工现场应急救援基本常识主要包括应急救援基本常识、触电急救知识、创伤救护知识、火灾急救知识、中毒及中暑急救知识、溺水急救、动物咬伤急救、电烧伤急救、化学烧伤急救以及传染病急救措施，了解并掌握这些现场急救基本常识，是现场实习人员做好实习安全工作的一项重要内容。

一、应急救援基本常识

（1）电力生产企业应建立企业级重大事故应急救援体系，以及重大事故救援预案。

（2）电力施工项目应建立项目重大事故应急救援体系，以及重大事故救援预案；在实行施工总承包时，应以总承包单位事故预案为主，各分包队伍也应有各自的事故救援预案。

（3）重大事故的应急救援人员应经过专门的培训，事故的应急救援必须有组织、有计划地进行；严禁在未清楚事故情况下，盲目救援，造成更大的伤害。

（4）事故应急救援的基本任务：

1）立即组织营救受害人员，组织撤离或者采取其他措施保护危害区域内的其他人员。

2）迅速控制事态，并对事故造成的危害进行检测、监测，测定事故的危害区域、危害性质及危害程度。

3）消除危害后果，做好现场恢复。

4）查清事故原因，评估危害程度。

二、触电急救知识

触电是指人与带电物体（或电源）相接触并有危害人身安全的电流通过身体的现象。触电者的生命能否获救，在绝大多数情况下取决于能否迅速脱离电源和正确地实行心肺复苏法进行抢救，拖延时间、动作迟缓或救护不当，都可能造成人员伤亡。

1. 脱离电源的方法

（1）发生触电事故，出事附近有电源开关和电源插销时，可立即将电源开关关闭或拔出插销；但普通开关（如拉线开关、单极按钮开关等）只能断一根线，有时不一定关断的是相线，所以不能认为是切断了电源。

（2）当有电的电线触及人体引起触电，不能采用其他方法脱离电源时，可用绝缘的物体（如干燥的木棒、竹竿、绝缘手套等）将电线移开，使人体脱离电源。

（3）必要时可用绝缘工具（如带绝缘柄的电工钳、木柄斧头等）切断电线，以切断电源。

（4）应防止人体脱离电源后造成的二次伤害，如高处坠落、摔伤等。

（5）对于高压触电，应立即通知有关部门停电。

（6）高压断电时，应带上绝缘手套，穿上绝缘鞋，用相应电压等级的绝缘工具拉开开关。

2. 紧急救护基本常识

根据触电者的情况，进行简单的诊断，并分别处理：

（1）病人神志清醒，但感乏力、头昏、心悸、出冷汗，甚至有恶心或呕吐。此类病人应使其就地安静休息，减轻心脏负担，加快恢复；情况严重时，应立即小心送往医院检查治疗。

（2）病人呼吸、心跳尚存在，但神志昏迷。此时，应将病人仰卧，周围空气要流通，并注意保暖；除了要严密观察外，还要做好人工呼吸和心脏挤压的准备工作。

（3）若经检查发现，病人处于“假死”状态，则应立即针对不同类型的“假死”进行对症处理：如果呼吸停止，应用口对口的人工呼吸法来维持气体交换；如果心脏停止跳动，应用体外人工心脏挤压法来维持血液循环。

（4）口对口人工呼吸法。病人仰卧，松开衣物⟶清理病人口腔阻塞物⟶病人鼻孔朝天，头后仰⟶贴嘴吹气⟶放开嘴鼻好换气，如此反复进行，每分钟吹气12次，即每5s吹气一次。

（5）体外心脏挤压法。病人仰卧硬板上⟶抢救者中手掌对病人胸口凹膛⟶掌根用力向下压⟶慢慢向下⟶突然放开，连续操作每分钟进行60次，即每秒1次。

（6）有时病人心跳、呼吸停止，而急救则只有一人时，必须同时进行口对口人工呼吸和体外心脏挤压。此时，可先吹两次气，立即进行挤压15次，然后再吹两次气，再挤压，反复交替进行。

三、创伤救护知识

创伤分为开放性创伤和闭合性创伤。开放性创伤是指皮肤或黏膜的破损，常见的有擦伤、切割伤、撕裂伤、刺伤、撕脱、烧伤；闭合性创伤是指人体内部组织的损伤，而没有皮肤黏膜的破损，常见的有挫伤、挤压伤。

1. 开放性创伤的处理

（1）对伤口进行清洗消毒。可用生理盐水和酒精棉球，将伤口和周围皮肤上沾染的泥沙、污物等清理干净，并用干净的纱布吸收水分及渗血，再用酒精等药物进行初步消毒。在没有消毒条件的情况下，可用清洁水冲洗伤口，最好用流动的自来水冲洗，然后用干净的布或敷料吸干伤口。

（2）止血。对于出血不止的伤口，能否做到及时有效的止血，对伤员的生命安危影响较大。在现场处理时，应根据出血类型和部位不同采用不同的止血方法：直接压迫——将手掌通过敷料直接加压在身体表面的开放性伤口的整个区域；抬高肢体——对于手、臂、腿部严重出血的开放性伤口，都应抬高，使受伤肢体高于心脏水平线；压迫供血动脉——手臂和腿部伤口的严重出血，如果应用直接压迫和抬高肢体仍不能止血，就需要采用压迫点止血技术；包扎——使用绷带、毛巾、布块等材料压迫止血，保护伤口，减轻疼痛。

(3) 烧伤的急救应先去除烧伤源，将伤员尽快转移到空气流通的地方，用较干净的衣服把伤面包裹起来，防止再次污染；在现场，除了化学烧伤可用大量流动清水冲洗外，对创面一般不做处理，尽量不弄破水泡，保护表皮。

2. 闭合性创伤的处理

(1) 较轻的闭合性创伤，如局部挫伤、皮下出血，可在受伤部位进行冷敷，以防止组织继续肿胀，减少皮下出血。

(2) 如果发现人员从高处坠落或摔伤等意外时，要仔细检查其头部、颈部、胸部、腹部、四肢、背部和脊椎，看看是否有肿胀、青紫、局部压疼、骨摩擦声等其他内部损伤。假如出现上述情况，不能对患者随意搬动，需按照正确的搬运方法进行搬运，否则，可能造成患者神经、血管损伤并加重病情。

现场常用的搬运方法有：担架搬运法——用担架搬运时，要使伤员头部向后，以便后面抬担架的人可随时观察其变化；单人徒手搬运法——轻伤者可扶着走，重伤者可让其伏在急救者背上，双手绕颈交叉垂下，急救者用双手自伤员大腿下抱住伤员大腿。

(3) 如果怀疑有内伤，应尽早使伤员得到医疗处理；运送伤员时要采取卧位，小心搬运，注意保持呼吸道畅通，注意防止休克。

(4) 运送过程中，如果突然出现呼吸、心跳骤停时，应立即进行人工呼吸和体外心脏挤压法等急救措施。

四、火灾急救知识

一般地说，起火要有三个条件，即可燃物（木材、汽油等)、助燃物（氧气等）和火源（明火、烟火、电焊花等）。扑灭初期火灾的一切措施，都是为了破坏已经产生的燃烧条件。

1. 火灾急救的基本要点

施工现场应有经过训练的义务消防队；发生火灾时，应由义务消防队急救，其他人员应迅速撤离。

（1）及时报警，组织扑救。全体员工在任何时间和地点，一旦发现起火都要立即报警，并参与和组织群众扑灭火灾。

（2）集中力量，主要利用灭火器材，控制火势，集中灭火力量在火势蔓延的主要方向进行扑救，以控制火势蔓延。

（3）消灭飞火，组织人力监视火场周围的建筑物，露天物质堆放场所的未尽飞火，应及时扑灭。

（4）疏散物质，安排人力和设备，将受到火势威胁的物质转移到安全地带，阻止火势蔓延。

（5）积极抢救被困人员。人员集中的场所发生火灾，要有熟悉情况的人作为向导，积极寻找和抢救被困的人员。

2. 火灾急救的基本方法

（1）先控制，后消灭。对于不可能立即扑灭的火灾，要先控制火势，具备灭火条件时再展开全面进攻，一举消灭。

（2）救人重于救火。灭火的目的是为了打开救人通道，使被困的人员得到救援。

（3）先重点，后一般。重要物资和一般物资相比，保护和抢救重要物资；火势蔓延猛烈方面和其他方面相比，控制火势蔓延的方面是重点。

（4）正确使用灭火器材。水是最常用的灭火剂，取用方便，资源丰富，但要注意水不能用于扑救带电设备的火灾。

各种灭火器的用途和使用方法如下：

酸碱灭火器：倒过来稍加摇动或打开开关，药剂喷出；适合扑救油类火灾。

泡沫灭火器：把灭火器筒身倒过来；适用扑救木材、棉花、纸张等火灾，不能扑救电气、油类火灾。

二氧化碳灭火器：一手拿好喇叭筒对准火源，另一手打开开关即可；适用扑救贵重仪器和设备，不能扑救金属钾、钠、镁、铝等物质的火灾。

卤代烷灭火器（1211）：先拔掉按销，然后握紧压把开关，压杆使密封阀开启，药剂即在氮气压力下由喷嘴射出；适用于扑救易燃液体、可燃气体和电气设备等火灾（注：1211 灭火器于 2005 年 1 月 1 日起停止使用）。

干粉灭火器：打开保险销，把喷管口对准火源，拉出拉环，即可喷出；适用于扑救石油产品、油漆、有机溶剂和电气设备等火灾。

（5）人员撤离火场途中被浓烟围困时，应采取低姿势行走或匍匐穿过浓烟，有条件时可用湿毛巾等捂住嘴鼻，以便顺利撤出烟雾区；如果无法进行逃生，可向外伸出衣物或抛出小物件，发出求救信号引起注意。

（6）进行物资疏散时应将参加疏散的员工编成组，指定负责人首先疏散通道，其次疏散物资，疏散的物资应堆放在上风向的安全地带，不得堵塞通道，并要派人看护。

五、中毒及中暑急救知识

施工现场发生的中毒主要有食物中毒、燃气中毒及毒气中毒；中暑是指人员因处于高温高热的环境而引起的疾病。

1. 食物中毒的救护

（1）发现饭后有人呕吐、腹泻等不正常症状时，尽量让病人大量饮水，刺激喉部使其呕吐。

（2）立即将病人送往就近医院或打急救电话 120。

（3）及时报告工地负责人和当地卫生防疫部门，并保留剩余食品以备检验。

2. 燃气中毒的救护

（1）发现有人煤气中毒时，要迅速打开门窗，使空气流通。

（2）将中毒者转移到室外实行现场急救。

（3）立即拔打急救电话 120 或将中毒者送往就近医院。

（4）及时报告有关负责人。

3. 毒气中毒的救护

（1）在井（地）下施工时有人发生毒气中毒，井（地）上人员绝对不要盲目下去救助；必须先向出事点送风，救助人员装备齐全安全保护用具，才能下去救人。

（2）立即报告工地负责人及有关部门，现场不具备抢救条件时，应及时拔打110或120电话求救。

4. 中暑的救护

（1）迅速转移。将中暑者迅速转移至阴凉通风的地方，解开衣服，脱掉鞋子，让其平卧，头部不要垫高。

（2）降温。用凉水或50%酒精擦其全身，直到皮肤发红，血管扩张以促进散热。

（3）补充水分和无机盐类。能饮水的患者应鼓励其喝足凉盐开水或其他饮料；不能饮水者，应予静脉补液。

（4）及时处理呼吸、循环衰竭。呼吸衰竭时，可注射尼可刹明或山梗茶硷；循环衰竭时，可注射鲁明那钠等镇静药。

（5）医疗条件不完善时，应对患者严密观察，精心护理，送往就近医院进行抢救。

六、溺水急救

溺水者往往由于吸入水分，阻碍呼吸，造成机体缺氧，而导致中枢神经功能失调，发生意识障碍而淹溺死亡。所以，溺水急救首先是设法将溺水者救上岸，而后进行控水和心肺复苏。

当溺水者是在近岸淹溺，且尚有挣扎时，救护者应迅速将棍棒、竹竿、绳子、木制品、救生圈等能够漂浮的器材抛入水中，采用拖、拉的方法帮助溺水者上岸。若是受过水中救护训练，并有一定能力者，可进入水中接近溺水者进行急救。

当溺水者被送上岸后，应迅速清除口、鼻内的污泥、杂草和分泌物。同时，解开溺水者的衣扣、腰带，如溺水者口内有水或者肚子鼓胀时，应立即控水。方法是救护者一腿跪地，另一腿屈曲，将溺水者的腹部放在自己的膝盖上，使头下垂，然后再按压其背部。也可利用地面上的自然斜坡，将溺水者的头部放在下坡位置。若呼吸、心跳已停止，应立即采用心肺复苏法进行抢救。

七、动物咬伤急救

进行野外作业，由于环境复杂、陌生，极易遭到动物的咬伤。如果急救不当，往往产生严重的后果，甚至危及生命。下面就以常见的毒蛇、疯狗咬伤为例简述其急救的方法。

1. 毒蛇咬伤急救

蛇按有无毒性可分为有毒蛇和无毒蛇两大类。一般毒蛇的头部呈三角形，颈部较细，上颚有两颗比其他牙齿粗而长的毒牙。咬后留下两排牙痕，顶端有两个特别粗而深的牙痕。

毒蛇对人体的伤害较严重。由于蛇的种类较多，有些毒蛇的头并非是三角形，因此被蛇咬伤之后，暂按毒蛇咬伤处理为宜。

被毒蛇咬伤之后，关键是尽可能阻止蛇毒向体内扩散，此时切忌慌张乱跑，以免加速毒液向心脏和体内扩散，加速体内对毒素的吸收。急救分两步进行：

（1）早期绑扎。毒蛇咬伤后，应立即就地取材，用草绳、手帕、布带、胶管等在伤口上部超关节处（近心端）扎紧。例如手指咬伤，带子应结扎在指根处；前臂咬伤，应结扎在肘关节上方；小腿咬伤，则应结扎在膝关节上方。绑扎要稍紧些，以能阻断淋巴液和静脉血回流，而不妨碍动脉血的供应为宜。

（2）清洗。绑扎后，先用清水冲洗伤口内的蛇毒和污物，最好先用肥皂水清洗伤口周围，再用盐水、双氧水或1∶5000高锰酸钾溶液冲洗伤口。经冲洗后，可用刀片在火焰上烧红消毒，在咬痕处作“十”字切开，或将咬痕周围0.5cm的皮肤、皮下组织切除，再用水边冲洗边挤压伤口。若毒液流出不畅，可用吸奶器或拔火罐来吸毒。

被蛇咬伤后，最好将蛇当场打死或准确判定蛇的名称，以利医生对症治疗。

2. 犬咬伤急救

被带有狂犬病毒的狗（猫、狐、狼等）咬伤之后，往往会诱发狂犬病。该病死亡率较高，轻者亦会留有神经性的后遗症。所以，当被犬咬伤后，也应从速治疗。

现场急救是用大量清水冲洗伤口，冲洗时间不得少于20min。而且要边冲洗，边自上而下地挤压，将残留在伤口的唾液挤出。

被犬咬伤后，最好用20%肥皂水、大量清水或1:1000新洁尔灭、50%~70%酒精等液体冲洗。同时挤压伤口出血，以利排毒。再用碘酒涂抹伤口后，迅速送医院治疗。

八、电烧伤急救

电流通过人体所引起的损伤称为电损伤。局部性的电损伤称为电烧伤。电烧伤最常见于电工（特别是线路工）和建筑工。电烧伤分为电接触烧伤、电弧或电火花烧伤及雷电烧伤。

电烧伤的烧伤面积不大，但可深达肌肉、血管、神经和骨骼。有进口和多处出口，进口处创面大而深，出口处创面较小，有“口小底大，面浅内深”的特点。另外，电烧伤的致残率很高，平均截肢率为30%左右。

一旦发生电烧伤，应迅速使伤员脱离电源，保护好电烧伤创面，避免污染。同时观察病情，决定是否采用心肺复苏急救或是骨折急救。

在进行了简单的表面创面处理后，最好送专业的电烧伤医院进行专业诊治。

九、化学烧伤急救

具有腐蚀性的化学物质接触人体皮肤等部位后，常常会造成化学烧伤。

一旦发生化学烧伤，必须迅速排除化学物质的有害作用。首先立即脱去被污染的衣服，用大量流动水冲洗创面，越早越好。宜用冷水，禁忌用热水冲洗。冲洗要求持续20~30min。如果是遇水生热的化合物，如生石灰、四氯化钠等必须先把干石灰和四氯化钠粉末拭去，再用水彻底冲洗。对于可能引起呼吸系统中毒的化学烧伤，在创面处理的同时应用解毒药物。对某些毒物，如黄磷、无机氰化物等，自创面吸收后，可以致死，应争取时间果断地切除受损皮肤，以切断毒物来源。

十、传染病急救措施

由于电力企业工作现场的人员较多，如果控制不当，容易造成集体感染传染病。因此，需要采取正确的措施加以处理，防止大面积人员感染传染病。

（1）如果发现员工有集体发烧、咳嗽等不良症状，应立即报告现场负责人和有关主管部门，对患者进行隔离加以控制，同时启动应急救援方案。

（2）立即把患者送往医院进行诊治，陪同人员必须做好防护隔离措施。

（3）对可能出现病因的场所进行隔离、消毒，严格控制疾病的再次传播。

（4）加强现场员工的教育和管理，落实各级责任制，严格履行员工进出现场登记手续，做好病情的监测工作。

第七章
火力发电厂安全生产常识

第一节　工作票制度

在生产现场进行检修、试验或安装工作时，为了能保证有安全的工作条件和设备的安全运行，防止发生事故，生产作业各单位必须严格执行工作票制度。

工作票签发人应由经过专门培训考试合格的人员担任。工作票签发人必须熟悉所管辖的设备系统。

工作许可人应通过专门培训考试成绩合格，并经安全监察部门审批。工作许可人必须熟悉设备系统。

工作票签发人、工作许可人必须经过有关部门安全培训考试合格，总工程师批准后的人员名单以文件形式书面公布，报厂部备案，各有关单位、部门发给副本备查。

1. 工作票签发人必须具备的条件

（1）熟悉系统及设备性能。

（2）熟悉安全工作规程、检修规程、运行规程的有关部分。

（3）掌握人员安全技术条件。

（4）了解检修工艺。

2. 工作票签发人应对下列事项负责

（1）工作是否必要和可能。

（2）工作票上所填写的安全措施是否正确和完善。

（3）应经常到现场检查工作。

3. 工作许可人必须具备的条件

（1）正确地将生产设备、系统投入（停止）运行或投入

（退出）备用。

（2）正确确定运行方式，保障人身、设备的安全和经济运行。

（3）严格审批工作票中所采取的安全措施内容及运行补充内容。

4. 工作许可人应对下列各项负责

（1）检修设备与运行设备确已隔断。

（2）安全措施确已完善并正确地执行。

（3）对工作负责人正确说明哪些设备有压力、高温和有爆炸危险等。

5. 工作票的接收

（1）工作票接票人必须是运行当班正、副班长或其他有工作许可人资格的人员。

（2）工作票接票人在办理工作许可时，应认真复查工作票填写的内容是否清楚，措施是否正确。

（3）复查中发现的问题应向工作负责人询问清楚。如果安全措施有错误或有重要遗漏，应重新签发工作票。

（4）工作票"运行值班人员补充的安全措施"一栏，由接票人补充工作票签发人没有提出的安全措施、提示检修人员的安全注意事项和采取保证作业人员和设备安全的补充措施。

（5）确认无问题后填写工作票办理的时间和工作票登记，并在接票人处签名。工作许可人和岗位负责人签名后报值长审批。

（6）燃料系统在办理工作许可前应先得到燃料调度的允许后方可由运行办理。

6. 布置和执行安全措施

（1）根据值长批准工作结束的时间和设备运行（备用）情况，由工作许可人和岗位负责人共同完成"必须采取的安全措施"和"运行值班人员补充的安全措施"，并在每项安全措施对应栏内写明对应措施的编号并打"√"。

(2) 对需要停（送）电的设备，工作许可人应填写“热机检修停（送）电联系单”，填写应停（送）电设备的正确名称和工作票的编号。

(3) 对不需要停（送）电只需拉开（合上）操作开关即可工作的设备，应由设备负责人执行，挂警告牌，认真做好记录。

(4) 凡作业单位需要其他专业协助完成的安全措施，应由作业单位提出具体的安全措施提交当值值长协助完善。

(5) 当值值长应根据作业单位提出的安全措施合理安排运行（备用）方式。当发生安全措施暂不能执行时，应汇报值长及主管生产的领导协调实施。

(6) 协助完善安全措施的其他专业和作业单位，应在交接班记录中详细记录下令人、复令人、接受和完成采取的安全措施的时间和内容等。

(7) 其他协助单位按值长下达的命令，执行完安全措施后向值长汇报。由值长通知作业单位安全措施已执行完毕。

(8) 对需要实施工作票提出的安全措施以外的安全措施时，应由作业单位重新办理工作票提交值长重新审批。

7. 工作许可与开工

(1) 安全措施已全部执行完毕，工作许可人和工作负责人共同到现场检查安全措施确已正确执行，然后填写许可开始工作时间、工作许可人，工作负责人签名，将签有联保卡、预知卡的工作票交给工作负责人允许开工，另一份工作票存在工作许可人处。

(2) 开工后需要变更工作负责人时，应由工作票签发人同意并将变动情况记录在工作票上，通知工作许可人办理工作负责人变更手续并签字。

(3) 若扩大工作任务必须在不变更安全措施的前提下，由工作负责人通过工作许可人在工作票上续填工作项目。若经变更或填设安全措施时，必须填写新的工作票，重新履行工作许可手续。

8. 工作延期

（1）工作任务不能按批准工作时间完成的，工作负责人应在批准完工期限前2h向工作许可人申明理由。经值长同意后，办理延期手续。

（2）2日及以上的工作应在批准期限前一天办理延期手续，延期手续只能办理一次。如需要延期，应重新签发工作票并注明理由。

（3）工作许可人对即将到期的工作票应提前通知工作负责人。若工作负责人接到通知后仍不按期办理延期手续或终结手续，值班员应立即要求工作人员停止检修工作，将过期的工作票作废。

9. 检修设备试运

（1）对需要经过试运检验施工质量方面能交工的工作或工作中需要启动检修设备时，如果不影响其他工作班组安全措施范围的变动，工作负责人应向工作许可人提出申请，并上交该项作业的工作票。

（2）工作许可人认为可以进行试运时，应收回工作票，并将需试运设备的有关检修安全措施撤除。检查工作人员确已撤离检修现场，联系恢复送电，在确认不影响其他作业班组安全的情况下进行试运。

（3）运行工作的操作均由运行值班人员根据检修工作负责人的要求进行，检修工作人员不准自己进行试运行的操作。

（4）试运后尚需检修工作时，工作许可人按工作票要求重新布置安全措施，并会同工作负责人重新履行工作许可手续后，工作负责人方可通知工作人员继续工作。

（5）工作许可人应将试运工作详细记录清楚，如果试运后工作需要改变原工作票安全措施范围时，应重新签发新的工作票。

10. 工作终结

（1）工作负责人按批准作业工期持工作票到工作许可人处

办理工作终结，如果作业尚未结束，应办理延期或重新签发工作票。

（2）工作许可人或值班负责人每班应认真核对工作票情况，必须按批准作业工期通知工作负责人办理工作终结手续。

（3）工作完工后，工作许可人应会同工作负责人共同到检修现场，检查作业现场确已按照“标准化作业”要求工完场清，标志清楚，双方在工作票上签字，工作终结。

（4）工作许可人将工作负责人持有的工作票收回，双方签字，工作许可人在工作票左上方盖上“已执行”章，并将终结后的工作票整理后送交分场安全员处保存以便备查。

11. 可不填写或暂不填写工作票的工作

（1）事故检修工作（指生产主、辅设备等发生故障被迫紧急停止运行，需立即恢复的检修和排除故障的工作）可不填写工作票，但必须经值长同意。

（2）预计抢修工作时间超过4h的仍需填写工作票。

（3）夜间若找不到工作票签发人，可先开工。若第二天白班抢修工作仍须继续进行的，则应办理工作票手续。

（4）对上述可以不填写工作票的事故抢修工作，包括运行人员排除故障工作，仍必须明确工作负责人、工作许可人，按“安规”规定做好安全措施，办理工作许可和工作终结手续。工作许可人应将工作负责人姓名、采取的安全措施、工作开始和结束时间做记录。

（5）在生产现场进行不填写工作票的其他一切工作，应根据直接领导人的口头命令或得到其同意后进行。若工作由非运行值班人员进行的，在开工前还必须得到当值运行值班人员的允许。

第二节　锅炉设备运行与检修安全常识

一、一般安全注意事项

（1）凡从事锅炉运行的工作人员应熟悉《电业安全工作规

程》的有关部分，并在工作中认真贯彻执行。

（2）在水面计、压力表、控制室、楼梯、通道以及靠近机器转动部分和高温管道等狭窄地方，应保证照明的足够亮度。在控制室、水面计、主要楼梯和通道，还必须设有事故照明。此外，在控制室内应备有相当数量的完整手电筒，以便必要时使用。

（3）使用工具前应进行检查，不完整的工具不准使用。如大锤和手锤的锤头须完整，其表面须光滑微凸，不得有歪斜、缺口、凹入及裂纹等情形。大锤及手锤的柄须用整根的硬木制成，不准用大木料劈开制作，应装得十分牢固，并将头部用楔栓固定。锤把上不得有油污。不准戴手套或用单手抡大锤，周围不准有人靠近。

（4）锅炉在运行中应经常检查锅炉的承压部件及给水管道和蒸汽管道有无泄漏现象。发现有泄漏现象，应及时汇报有关领导。若泄漏严重，应采取必要的防护措施，并在泄漏部位附近（指外部泄漏）设置围栏，挂禁止靠近等警示牌。若发生爆破，有大量汽水喷出，应立即停炉。

（5）水面计应定期进行冲洗，保持水面计清洁。冲洗水面计时，应站在水面计的侧面，打开阀门时应缓慢小心。水面计处照明不足不得进行水面计的冲洗工作；水面计没有装设防止烫伤工作人员的防护罩或防护罩损坏时，不得进行水面计的冲洗工作。

（6）锅炉在运行中，观察锅炉的燃烧情况时，应戴防护眼镜；锅炉在升火期间或燃烧不稳时，不能站在看火孔、查检孔的正面，防止炉膛正压喷出火焰或高温烟气烫伤人员。

（7）当锅炉发生灭火时，禁止采用关小风门，继续给粉、给气、给油使用爆燃的方法来引火。锅炉灭火后，必须立即停止给粉、给油、给气，停止制粉系统运行。增大炉膛负压进行通风，通风时间不少于5min。经过充分的通风后，确认燃烧室和烟道内存积的可燃物排净，方可重新点火。

(8) 检修后的锅炉，允许在升火过程中热紧法兰、人孔门、手孔等处的螺栓。但热紧螺栓时，锅炉汽压不准超过规定数值。热紧螺栓只许由有经验的人员进行，并必须使用标准的扳手，不准接长扳手的手把。

(9) 锅炉主要安全附件：安全阀、压力表、水位表是帮助运行人员严格监视和控制锅炉的汽压和水位的，直接与锅炉安全运行有关。因此，缺少一种锅炉不能投入运行。

(10) 巡回检查或检修工作中，应尽量避免停留在可能烫伤的地方，如汽、水、燃油管道的法兰盘、阀门，煤粉系统和锅炉烟到的人孔及检查孔和防爆门、安全门、除氧器、热交换器、汽鼓的水位计等处，以防发生人身烧伤和烫伤。

二、锅炉运行安全生产常识

1. 转动机械运行安全常识

(1) 转动机械运行前的检查　机器的转动部分必须有防护罩或其他的防护设备，安装牢固。露出的轴端必须装有防护盖。靠背轮连接完好，传动带完整、齐全、紧度适当，地脚螺栓不松动。电动机的接地线良好，电动机通风口无杂物。

轴承内的润滑油洁净，油位计完整，指示正确，清晰易见，刻有最高、最低及标准油位线，油位应接近标准油位线，放油门或放油丝堵严密不漏，甘油润滑的轴承，油盅内应有足够的甘油。

冷却水充足，回水管畅通，水管及水门无泄漏。

(2) 转动机械的运行安全常识　转动机械在运行中应符合下列要求：

1) 无异音、摩擦和撞击现象。传动带完整，无跑偏现象。

2) 轴承的油位计不漏油，指示正确，油位不得高于上油位线，不得低于下油位线，应接近标准油位线。

3) 冷却水充足，回水管畅通，回水温度不允许超过40℃。

4) 滚动轴承温度不允许超过80℃；滑动轴承温度不允许超过70℃；球磨机钨金大瓦温度不允许超过50℃。

5）润滑油温度应不超过50℃。

6）串轴不大于2~4mm。

7）轴承振幅应不超过表7－1规定。

表7－1　　轴承振幅范围

额定转数/（r/min）	>1500	1500	1000	<750
振幅/mm	0.06	0.10	0.13	0.16

8）空气温度达35℃以上（包括35℃），电动机定子铁心温升最高不超过95℃；当空气温度低于35℃时，电动机定子铁心温度升高不许超过60℃。

2. 制粉设备运行安全常识

（1）制粉设备的检查。设备周围无积存的粉尘、杂物；各处无积粉自燃现象。所有人孔门、检查门、手孔盖应严密关闭不漏风。各风门、挡板开关应灵活，能够全开及关闭严密；具有完整的标志牌，其名称、开关方向清晰易见，指示正确。位置指示器与实际位置相符合。传动装置完整，传动自如。各部锁气器能严密关闭，并动作灵活。

所有防爆门严密并符合有关规定的要求，防爆门上不应有杂物，引出管及防雨设施应完整、牢固。制粉系统消防设施处于备用状态。

（2）制粉系统运行安全常识。

1）制粉系统运行中，应控制给煤机均匀给煤。及时处理棚煤、堵煤、积煤。经常检查细粉分离器下部小筛子和各部锁气器，保持制粉系统畅通。

2）捅下煤管堵煤或捅原煤斗棚煤时，要使用专用工具。不准用身体顶着工具或放在胸前用手推着工具以防打伤。工具用毕，应取出。捅煤时应站在地面上或平台上，周围不应有障碍物。

3）给煤机在运行中发生卡、堵时，禁止用手拨堵塞的煤。如果必须用手直接工作，应将给煤机停止，并做好防止给煤机启动的安全措施。必要时，应切断给煤机电源。

4）制粉系统运行中，再循环风门不准关严。当再循环风门关严时，门前积粉，长时间积粉自燃，易产生爆炸。

5）制粉系统运行中，磨煤机出口风粉混合物的温度应按运行规程规定的数值保持。控制煤粉细度在规程规定的范围内，不易磨得过细。

6）对于制粉系统的漏煤、漏粉等缺陷，应及时联系检修人员进行处理，处理时必须停止制粉系统运行，抽净系统内存粉。不允许用粘补的方法进行处理；必须采取挖补的方法进行处理。

3. 锅炉设备试验安全常识

为了保证锅炉机组的安全稳定运行，经过大修的锅炉应进行水压试验、锅炉的保护装置及联锁试验、安全门调整试验等，试验合格方可投入运行。在这些试验过程中，应注意的安全事项有以下几点。

（1）水压试验　水压试验是检查锅炉承压部件严密性的一种方法，也是对承压部件强度的一种考验。水压试验种类有两种：一种是工作压力下的水压试验；另外一种是1.25倍工作压力下的超水压试验。在水压试验过程中应注意以下几点：

1）水压试验必须在锅炉承压部件检修或安装完毕后，汽包上的人孔门及各联箱上的手孔门均已严密封闭；汽水管道及其阀门连接良好，处于完整状态；各阀门经过试验开关灵活，方向正确。

2）试验前压力表应校验准确，投入使用，并不少于两个，如在控制室监视压力应考虑高度差。为了防止误将压力升高超限，应在压力表的试验压力刻度处画上临时的红线，以示醒目。

3）明确水压试验负责人、操作人、监护人。由操作人或监护人填好操作票，由负责人或运行班长严格审查操作票，确认无误后批准并签字。再由操作人和监护人持票，操作人按票逐项检查、操作，监护人按票进行监护。检查操作过程中必须严格执行操作票，不得漏项。

4）上水过程中，应检查汽包人孔门，各联箱手孔门及各部阀门、法兰等，是否有泄漏现象。当发现有泄漏时，应停止上水，通知工作负责人进行处理。

5）锅炉上满水后，对锅炉机组进行一次全面的检查，确认承压部件无泄漏，承压部件附近无人作业时，方可进行升压。

6）压力升至工作压力的10%时，停止升压，由工作负责人组织一次对承压部件的全面检查，如果发现承压部件有渗漏现象，应将压力降至零，并根据需要将炉水放掉。对不严密的地方进行修理，待修理完毕，方可继续升压。升至工作压力的50%时，应暂停升压，检查进水阀门的严密性。升至接近工作压力时，控制压力的上升速度必须均匀缓慢，并严格防止超过工作压力。升至工作压力时，应立即关闭进水阀门，停止升压，通知工作负责人组织工作人员在工作压力下对承压部件进行一次全面细致的检查。

7）水压试验完毕后，稍开过热器疏水门或放水门，缓慢进行降压，降压速度每分钟不超过0.5MPa。降压、放水前，应了解放水母管处是否有人在工作，并得到运行班长的同意方可进行。

（2）锅炉的保护装置及联锁试验　锅炉机组的转动机械是锅炉的重要组成部分，任何一个机械出现故障都会影响锅炉机组的正常运行。为了减少或避免因转动机械故障而造成对锅炉设备的损坏，经过大修后的锅炉，在启动前应对联锁保护装置做一次动作准确与否的鉴定性试验，以确保锅炉机组在正常运行时该保护装置处于良好的工作状态。试验前，明确试验负责人、操作人、监护人，并由电气值班员送上试验电源。试验时，收回各转动机械工作票，作业人员暂时离开作业现场。在试验时要严格按照试验程序执行，且参加试验的有关人员相互做好联系工作。

（3）安全门调整试验　安全门是锅炉重要的保护设备，为了避免锅炉在运行中，由于调整不当或因外界事故引起的压力升高，造成承压部件发生爆炸事故，对新安装锅炉的安全门或经过检修的安全门在投入运行前，必须进行安全门调整试验，确保锅炉在运行中压力升高达到安全门动作的压力值时，安全门能够及时、准确地动作，使锅炉压力控制在规定的范围之内，保证锅炉设备的安全。在试验过程中应注意以下几项：

1）参加安全门调整试验的检修人员和运行人员配备齐全，分工明确，并指定有经验的专业人员负责指挥。

2）检查、认定控制安全门工作安全门的编号及位置准确；电气回路和电磁阀试验良好，电磁铁上下动作灵活自如。电气控制系统与机械部分统一。

3）安全门调整试验应逐个进行，调整试验顺序是：先调整汽包定值最高的汽包工作安全门；再调整汽包控制安全门；然后调整过热器工作安全门；最后调整过热器控制安全门。先调整机械部分，待机械部分合格后再试验电气回路部分。

4）所有参加安全门调整试验人员，必须服从统一指挥。负责监视、调节汽压的运行人员，按照指挥人员的指令及时调整汽压，一般升降幅度较大时用调整燃烧方式来实现，小范围的调整可采用调节向空排汽二次门的开度，控制向空排汽量大小的方法进行。

5）升压过程中，参加调试的就地工作人员应站在安全位置，以防止安全门动作时被喷出的蒸汽烫伤。无关人员不得在旁边逗留。

6）在安全门调整试验过程中，如果设备出现异常情况或发生事故时，应立即停止安全门的调整试验。待检修人员处理完毕，恢复正常后，方可继续进行安全门调整试验工作。

4. 锅炉机组启动的安全常识

锅炉机组的启动包括锅炉启动前的准备工作、锅炉点火、锅炉升压、锅炉并汽等过程，在启动过程中应注意以下几点：

(1) 检修后的锅炉经检查合格后，签封所有工作票，检修人员退出现场。

(2) 由本炉组人员填写好“锅炉启动操作票”，明确操作人和监护人（监护人须由司助以上岗位人员担任），班长逐项审查操作票，确认无误，在操作票批准一栏签字，该操作票生效，否则操作票无效。监护人和操作人共同持有效操作票逐项进行检查，操作人进行操作，监护人进行监护，不得漏项。

(3) 检查、操作完毕，汇报班长、值长。

(4) 升压过程中必须严格控制升压速度，尤其是低压阶段的升压速度应力求缓慢。这是防止汽包壁温差过大的重要的和根本的措施。因此，升压过程必须严格按照给定的升压曲线进行升压。在升压过程中，若发现汽包壁温差过大时，应减缓升压速度或暂停升压。

(5) 为了保证锅炉在启动过程中，各部受热面管子能均匀膨胀，锅炉各部温度必须均匀缓慢地上升。因此要求工质（水）温度平均上升的速度不大于2℃，根据这个升温速度的要求，以及压力与温度对应的关系，确定升压速度，并据此绘出锅炉的升压曲线，作为锅炉启动时升压速度的依据。可见，升压速度是根据锅炉各部温度均匀、缓慢上升的原则确定的，控制升压速度，实质是控制升温速度。

(6) 锅炉并汽前，应对锅炉机组全面检查一次。

(7) 并汽过程中监控人员应注意严格监视和控制汽温、汽压、水位的变化，并保持稳定。当锅炉负荷稳定后，及时与对应的汽机对照汽温、汽压的指示值，并做好记录。若发现异常，及时联系热工有关人员进行处理。

5. 锅炉运行的调整与维护

锅炉在运行中，由于受外界负荷的影响和锅炉内部工况的改变，锅炉运行参数也在随之改变，如果不及时地进行调整，锅炉参数就要超过规定的范围，严重时将对锅炉机组、汽轮机组，以及全厂的安全性带来威胁。为了保证锅炉机组安全、经济、稳定运行，锅炉运行中运行人员必须经常、认真地监视各仪表的指示。根据各仪表指示的变化情况进行分析，及时、正确地作出判断，并进行适当、必要的调整工作。

对锅炉机组进行监视和调整的主要任务是：

（1）使锅炉的蒸发量随时适应外界负荷的需要。

（2）根据负荷需要均衡给水，保证汽包水位在正常的变化范围之内。

（3）保证蒸汽压力和蒸汽温度在规定的正常范围内。

（4）保证合格的蒸汽品质。

（5）合理地调整燃烧，设法降低各项热损失，提高锅炉效率。

6. 锅炉机组的停止运行

锅炉停止运行，一般分为正常停炉和事故停炉两种。如计划性的锅炉检修，按调度计划锅炉停止运行转入备用都属于正常停炉；当锅炉设备由于内部或外部原因发生事故，必须停止锅炉运行时，称为事故停炉。根据事故的严重程度，需要立即停止锅炉运行时，称为紧急停炉；若事故不太严重，但为了锅炉设备的安全又不允许长时间继续运行下去，经请示调度同意，停止锅炉运行，则称为请示停炉或称为故障停炉。

锅炉的停止运行过程是一个冷却过程，在停炉过程中应注意使锅炉机组缓慢冷却。停炉过程的操作比较简单，但是如操作不当，将使锅炉冷却过快，同样会使锅炉各部件的温度冷却不均而产生较大的热应力，引起设备的变形或损坏。

锅炉停止运行，一般分为额定参数停炉和滑参数停炉两种。母管制锅炉一般采用额定参数停炉。额定参数停炉是指在额定参数下，锅炉负荷逐渐减少，当锅炉负荷减至零时再与蒸汽母管解列的停炉方式。

母管制煤粉锅炉停炉过程大至可分为三个阶段，即：① 停炉前的准备阶段；② 开始减少负荷到全炉熄火阶段（停炉的操作程序）；③ 停炉后的冷却阶段。在此过程中应注意以下几项：

（1）将值长下达预计停炉时间的指令通知汽机、电气、化学、燃料、热工、除尘及本炉所有岗位的值班人员。

(2) 停炉前进行一次彻底的吹灰。

(3) 根据停炉的原因、计划停炉时间及粉仓的粉位情况，按照“制粉系统停止运行”的有关规定停止制粉系统运行。停止球磨机时，应将制粉系统内的煤粉彻底抽净。

(4) 严格执行停炉操作程序。

(5) 当锅炉发生事故需紧急停炉时，一般操作步骤如下：

1) 立即停止制粉系统和停止向锅炉供给燃料。

2) 停止送风机，通风5min停止吸风机。当发生炉管爆破时，应保留一台吸风机继续运行，保持炉膛负压，排出蒸汽和余下的烟气；若发生尾部烟道再燃烧时，应立即停止送、吸风机运行，严密关闭烟风系统各风门、挡板，使炉膛和烟道密闭，投入蒸汽消防。

3) 除发生锅炉满水和严重缺陷事故外，一般应继续向锅炉供水，保持汽包正常的水位。若发生炉管爆破不能维持正常水位时，在不影响运行锅炉正常供水的情况下，可保持适当的供水量。如果影响运行锅炉正常供水时，应减少或停止故障锅炉的供水。

4) 停止向锅炉供水后，应开启省煤器再循环门（省煤器管爆破除外）。

5) 关闭主汽门后，适当地开启过热器出口联箱疏水门或向空排汽门，以冷却过热器和防止汽压升高。

(6) 停炉后，应有专人对汽压、水位、汽包上下壁温差的监视。

三、锅炉设备检修的一般注意事项

在电站锅炉检修作业中，认真落实“安全第一，预防为主”的方针，把安全技术工作贯穿各项作业的始终，对预防各种锅炉事故的发生有着非常重要的意义。

锅炉检修工作中的安全注意事项或事故隐患主要表现在以下几个方面：

1. 承压部件作业

锅炉承压部件作业主要包括水冷壁检修、过热器、省煤器及汽包检修等作业。工作中要注意防止错用管材、遗落异物、高空坠落、落物伤人等事故发生。

2. 转动部位作业

转动部位作业主要包括吸风机、排粉机、送风机检修；磨煤机及各种水泵检修。工作中要注意防止不严格遵守停、送电程序，在带电情况下进行转动部位的作业，不设监护人等习惯性违章行为发生。

3. 燃油系统作业

燃油系统作业主要指在锅炉燃油管路及阀门上进行的作业。一般应注意的是防止燃油或油气爆燃引起的事故发生。

4. 制粉系统作业

制粉系统作业主要包括煤粉仓清扫及检修，输粉机、磨煤机、给粉机、煤粉管路的检修等。工作中要注意防止煤粉爆燃，做好消防工作。在煤粉仓清扫作业中，必须落实防止一氧化碳中毒的措施。

第三节　汽轮机设备运行与检修安全生产常识

一、一般安全注意事项

(1) 在汽轮机运行中，保证机组的安全运行是运行人员的首要任务。每名运行人员必须坚持贯彻电力生产“安全第一，预防为主”的方针。

(2) 汽轮机运行人员在工作中，必须坚持“两票三制”。“两票”即运行操作票和检修工作票；“三制”即交接班制度、设备巡回检查制度、设备定期试验与轮换制度。

(3) 汽轮机运行人员必须熟悉掌握本岗位运行规程、设备性能、技术标准和设备系统运行状况，防止误操作和设备故障时误判断，造成设备损坏。

(4) 汽轮机运行人员工作服不应有可能被转动的机器绞住的部分；工作时衣服和袖口必须扣好，禁止戴围巾和穿长衣服。女工作人员禁止穿裙子和高跟鞋，进入现场必须正确佩戴安全帽。

(5) 汽轮机现场所有设备应挂好设备铭牌，管道有正确的介质流向和区别管内介质的色环，并保温完好。阀门有开关方向和设备名称。

(6) 汽轮机厂房内外工作场所的井、坑、孔、洞或沟道，必须覆以与地面齐平的坚固的盖板，所有楼梯、平台、通道、栏杆都应保持完整。铁板必须铺设牢固，铁板表面应有纹路以防滑跌。

(7) 汽轮机厂房内外工作场所的常用照明，应该保持足够的亮度。在装有水位计、压力表、真空表、温度表各种记录仪表盘，楼梯、通道以及所有机器转运部分和高温表面等狭窄地方的照明，尤须光亮充足。在操作盘、重要表计、主要楼梯、通道等地点，还必须有事故照明。

(8) 汽轮机运行人员必须遵守各种劳动纪律和规章制度，坚守岗位。如果遇特殊情况需要离开时，要请示班长并安排合适人员接替，接替人员没有到岗时，不得擅自离岗。禁止非工作人员接近设备。

(9) 所有汽轮机运行人员必须经过岗位培训，并经考试合格，持有上级主管部门颁发的上岗证，方可从事本岗位工作。

(10) 所有汽轮机运行人员都应当学会触电、窒息急救法、人工呼吸并熟悉有关烧伤、烫伤、外伤、气体中毒等急救常识，熟悉一般消防知识，能够熟练使用各种消防器材。每班各岗位人员至少检查一次，发现问题应向有关人员汇报。

(11) 暑期汽轮机运行安全注意事项：

1) 加强对现场转动机械的维护，及时调整各电机、冷却器及各轴瓦的冷却水量，防止电机温度及轴瓦温度超高。对停用备用发电机、电动机停止冷却水，防止结露，以免电机绝缘降低。

2）增大现场的通风量，开启现场窗户并固定好，增大空气对流，降低厂房室内温度。

3）做好防雷、防汛、防暑降温的工作。雨季注意检查厂房零米墙泄漏及排水坑是否及时排出。现场及工业水泵房备有足够的防汛沙袋和排水用的潜水泵。

4）风雨天应及时关闭所属岗位的门窗，防止玻璃损坏。对易漏雨的地点加强检查，对淋雨设备设法遮挡。影响运行要及时汇报值长。

5）现场出现水患要及时向值长报告，并通知分场有关人员。

（12）冬季汽轮机运行安全注意事项：

1）加强对所属设备的防寒防冻检查，及时关严门窗，穿墙设备和管路不应有过大缝隙，设法堵严并向有关领导汇报。

2）加强对取暖设备的检查，保证采暖设备工作良好，发现缺陷联系处理，现场内暖汽压力最高不超过0.2MPa。

3）加强对电机冷却水的调整，入口风温略高于室温，以防电机绝缘降低。

4）停用设备及时放去内部存水，对可能引起结冻的放水管和冷却水管路，要保持一定流量防冻。

5）室外闸门井及有关闸门应采取防冻措施，如加盖稻草及开启闸门或放水门，保证不冻坏设备。

（13）下列地点必须有明显的标志与防止误操作和防碰措施：

1）危急保安器挂钩及手柄。

2）超速试验油门。

3）危急保安器、压出压入试验油门。

4）电动危急保安器和抽汽逆止门操作把手。

5）发电机事故按钮。

6）向主盘发出事故的“机器危险”信号。

7）主油箱放油门。

8）调速油泵在备用时再循环门全关，并挂警告牌，出口门全开。

二、汽轮机设备及系统安全运行常识

1. 转动机械安全运行常识

对于汽轮机组除机组本身外，大部分转动机械是离心式水泵，如锅炉给水泵、凝结水泵、循环水泵、工业水泵、热网泵、疏水泵和油泵等。离心式水泵是电厂不可缺少的重要辅助设备，它的安全经济运行将直接影响发电供热的安全和经济效益。转动机械运行中应注意以下几点事项：

（1）泵体、电机及周围地面清洁，电机出入口风道无杂物。

（2）轴承内润滑油合格，油温、油压、油位在规定值范围内。

（3）搬动对轮轻快，对轮罩完好，牢固无刮碰。水泵盘根压盖不斜，冷却水畅通，水量合适。

（4）转动机械运行值班人员上岗前，必须经过专业培训，并经上岗考试合格后方可上岗。

（5）转动机械的运行值班人员必须熟悉所管辖的设备的工作原理、设备结构、性能和各种运行参数指标。

（6）值班时工作服要符合要求，不应当有可能被转动机器绞住的部分，穿好绝缘鞋，戴好安全帽。

（7）检查或擦拭设备时，手脚或身体任何部位不能接触设备的转动部分，防止发生机械伤害事件。不允许运行中清扫转动部位的脏物和污垢。

（8）检查水泵盘根时，要侧对着盘根压盖部位，防止介质喷出造成人员伤害。监督无关人员禁止靠近转动的机械。

（9）运行中要把各冷却水管接头进行重点检查，防止松动冷却水喷出进入电动机内，造成电动机短路烧损。

2. 热力系统设备运行安全常识

（1）热力系统设备运行值班人员上岗前必须经过专业培训，

并经有关部门组织的上岗考试，合格后方可上岗工作。

(2) 热力系统设备运行值班人员必须熟悉所管辖的设备的作用、构造、性能及各种运行工况参数指标，熟悉热力系统运行方式。

(3) 热力系统设备、阀门、管道应有清晰正确的设备铭牌、开关方向、介质流向彩环。

(4) 值班人员工作服要符合要求，操作时戴好手套，接触热设备时不能用手直接接触，防止烫伤。

(5) 操作电动阀门时，在电动位置时操作手轮要退出电动位置，防止手轮转动碰伤手和身体其他部位。

(6) 监督无关人员，不能靠近热力设备和在热力设备周围逗留，不允许在热力管道、设备上站立和行走。

(7) 操作疏放水门时，要做好防烫伤的准备。

(8) 检查或擦拭设备时，手脚或身体任何部位不能接触设备的转动部位，防止发生机械伤害事件。不允许运行中清扫擦拭转动部位的脏物或污垢。

(9) 设备漏出的油污要及时清扫干净，防止操作时滑倒伤人。不能用潮湿的抹布擦拭仪表操作盘，防止由于潮湿造成设备短路或人身触电。禁止任何无关人员靠近设备和仪表盘等。

3. 汽轮机本体设备安全运行常识

汽轮机的带负荷运行，是电力生产过程中最重要和最经常的环节之一。带负荷运行中的日常维护，是汽轮机运行人员的经常性的工作。在运行中正确执行规程，认真操作、检查、监视、调整是保证汽轮机设备安全经济运行的前提。

汽轮机运行中的日常维护工作是：通过经常性的检查，监视和调整发现设备的缺陷，及时消除，提高设备的可靠水平，预防事故的发生和扩大，提高设备利用率，保证设备长期安全运行；通过经常性的检查，监视及经济调度，尽可能使设备在最佳工作状况下运行，降低汽耗率、热耗率、厂用电率，提高设备运行的经济性；定期进行各种保护试验及辅助设备的正常试验和切换工作，保证设备的安全可靠性。

汽轮机正常运行时值班运行人员应注意以下几点：

（1）认真监盘及操作、调整；随时注意各种仪表的指示变化，采取相应的正确的维护措施。

（2）每小时抄表一次，并进行分析，发现仪表读数和正常数值有差别时，应立即查明原因，并采取必要的措施。

（3）定期对机组进行巡视，在巡视时，应特别注意推力轴承乌金温度及各轴承的油温、油流及振动情况；发电机滑环和气体冷却装置运行情况；汽、水、油系统的严密性情况，严防漏油着火等。

（4）对汽轮机进行听音检查，特别是在工况变化时，更应仔细进行听音。

（5）定期清扫，注意汽轮机发电机设备的清洁。

（6）运行中应根据设备的具体情况，定期检查或联系检修清扫安装在汽、水、油系统的滤网。

（7）运行中根据化学监督要求，定期检查汽轮机油系统的质量，及时调整轴封蒸汽压力，防止由于压力过高漏汽到油系统内，使油质劣化。

（8）做好巡回检查工作，了解设备运行情况，掌握运行对象，发现隐患，保证设备安全运行。

4. 汽轮机辅助设备的安全运行常识

汽轮机的辅助设备有凝汽器，高、低压加热器，抽汽器，冷油器及连接这些主辅设备系统的管道、阀门，各转动机械等。汽轮机辅助运行中应注意以下几点：

（1）辅助设备运行值班人员上岗前，必须经过专业培训，并经上级有关部门组织的考试合格后方可上岗值班。

（2）辅助设备运行值班人员必须熟悉所管辖设备的作用、构造、性能、工作原理及各种工况参数指标。

（3）通过经常的检查，监视和调整所管辖的辅助设备的缺陷，并及时消除，提高设备的可靠水平，预防事故的发生和扩大，提高设备利用率，保证设备长期安全运行。

（4）定期对设备进行巡视，在巡视时，应注意各加热器水位，出入口水温，转动机械的轴承振动、温度、油温、油流、冷却水是否畅通，冷油器出入口油温、汽水油系统的严密性情况，严防漏油着火等。

（5）值班人员工作服要符合要求，不应有可能被转动机械绞住部位，穿好绝缘鞋，戴好安全帽，操作时戴好手套。工作场所照明应充足，损坏的照明设备要及时进行更换。

（6）检查或擦拭设备时，手脚或身体任何部位不能接触设备的转动部位，防止发生机械伤害事件。不允许运行中清扫机械的转动部位 。

（7）操作阀门时，要侧对盘根或法兰部位，防止喷出汽水伤人。操作电动阀门，在电动位置时操作手转到退出电动位置，防止手轮转动碰伤手和身体的其他部位。

5. 汽轮机设备启停安全注意事项

汽轮机在启停和工况变化时，其过程是蒸汽与汽缸、转子等金属部件进行热交换的过程。在启动和加负荷过程中，蒸汽温度高于金属内部温度，蒸汽将热量传给金属部件，使之温度升高；在停机和减负荷过程中，蒸汽温度低于金属部件的内部温度，蒸汽冷却金属部件，使之温度下降。由于蒸汽与金属部件存在着温差，这样在热交换过程中，金属部件会产生热应力、热膨胀和热变形。在汽轮机设备启动和停止过程中应注意以下几项：

（1）做好启动前的准备工作。

（2）启动时应注意下列安全事项：

1）启动时如果速度级压力达到0.05MPa（表压力），而转子不转动，应迅速打危急保安器，关自动主汽门手轮，禁止启动汽轮机，查明原因。

2）在冲转或在低速暖机过程中，调速系统油压表摆动时，此时用容量限制器摇几次即可消除。但在关调速汽门时，开度最低不低于40°。

3）当转子转动后，盘车应自动脱开。

4）检查汽轮机内部声音、膨胀、振动，各轴承油流、油压是否正常。

(3) 升速时安全注意事项：

1）升速过程中，根据轴承油压变化情况，随时调整油泵出口油门。

2）迅速通过临界转速，在任何情况下不允许停留在临界转速上。

3）在升速中，应注意调速器动作转速。

4）调速汽门动作时，应注意自动主汽门后汽压保持缓慢上升，及时调整汽封进汽量。

5）倾听汽轮机内部声音。

(4) 自带负荷安全注意事项：

1）检查汽轮机发电机本体及各轴承振动情况。

2）检查汽轮机内部声音。

3）检查轴向位移、膨胀指示及各部位的压力和温度。

(5) 停机过程安全注意事项：

1）停机过程注意机组振动、串轴、膨胀变化情况。

2）注意冷油器油温和发电机风温变化情况，并及时进行调整。

3）注意轴封供汽压力变化和凝汽器真空变化。

4）在下列情况下禁止发电机解列：① 因调速汽门卡涩或卡住时，负荷减不到零。② 调速系统工作失常，负荷减不到零。

三、汽轮机检修一般安全常识

(1) 汽轮机检修是按设备检修年度计划编制的，根据本单位规定的具体办法和要求进行。编制检修计划时，应对该设备进行调查了解，分析设备的技术状况和存在的重大缺陷，摸清设备底细，同时要掌握设备的原始资料、上次大修情况和运行试验情况。此外，还应参考同类型机组在运行中发生的事故和检修中发生的缺陷以及采取过的安全措施和做过什么改进等，据此确定出检修项目、重大特殊项目。

(2) 汽轮机检修准备工作是能否搞好检修的基础工作，检修前应研究确定的检修项目及车间检修准备工作计划，落实人、财、物，对重大特殊项目编制安全技术措施和施工方案，同时做好物资准备（包括材料、备品、安全用具、施工器具等）及场地布置，组织施工人员学习工艺规程质量标准、安全技术措施和安全规程。

(3) 树立安全第一、质量第一的思想，贯彻安全工作规程，确保人身和设备的安全，严格执行质量标准和工艺措施，保证检修质量，坚持标准化作业和文明生产，反对和禁止野蛮检修。对检修后设备的要求是检修质量达到规定标准，消除设备缺陷，恢复出力，提高效率，消除泄漏现象，安全保证和自动装置动作可靠，主要仪表、信号及标志正确。

第四节　电气设备运行与检修安全常识

一、电气运行现场安全制度

电气安全运行现场制度是为了加强责任制，维持正常的生产秩序，保证安全生产，提高运行水平而制定的。每个运行职工必须熟悉并遵守各种现场制度。

1. 操作票及操作监护制度

倒闸操作是一项复杂而极端重要的工作，操作的正确与否直接关系到操作人员的人身安全和设备、系统的正常运行，因此必须严格执行操作票制度和操作监护制度。若违反这些制度，将可能造成非同期并列、带负荷拉合隔离开关、带电挂地线等十分严重的后果。所以，在《电业安全工作规程》和现场制度中，凡属操作票及操作监护制度的详细规定，每个运行值班人员在倒闸操作中都必须严格执行。

2. 工作票制度

工作票制度是保证检修人员在电气设备上安全工作的组织措施。它是为了避免发生人身和设备事故而履行的一种设备检修工作手续。因此，运行值班员要按照工作票的要求，进行有关倒闸操作，并布置安全措施。然后运行值班员与检修工作负责人共同办理工作票的开工手续。当检修工作结束时，运行值班员应与检修工作负责人共同检查、验收设备，并共同办理工作票的终结手续。

3. 岗位责任制度

该制度规定了每一个专责值班员应知应会的具体内容、专责区的范围以及职责与职权，它是保证安全生产的一项核心制度。

4. 交接班制度

运行人员通过执行这项制度，可以做到接班时心中有数，交班时清楚明白，班前进行必要的布置，班后进行工作总结。具体内容是：值班人员在接班前20～30min，到主控制室听取交班班长对设备运行情况的介绍，然后按规定的检查范围，到现场检查设备运行情况和检修设备的安全措施，并了解设备缺陷。在接班前的碰头会上向班长汇报检查结果，班长应根据当天工作任务和各专区汇报的情况，发布命令、指示和安全注意事项，最后在交接班记录本上签名，下令接班。

5. 电气设备巡回检查制度

该制度是在值班期间，运行人员定时间、定地点、定线路、定专责地对有关电气设备系统进行全面检查，以达到掌握情况，积累资料，及时发现设备缺陷及排除隐患的目的。

6. 监盘定位制度

监盘定位的主要任务是及时合理地调整机组的有功、无功出力，监视并调整设备的各项运行参数在规定范围内，保证电能质量（频率、电压）的合格，及时发现机组及系统发生的异常现象和故障，并且能迅速汇报，正确判断，采取有效措施，从而做到安全经济发供电。

7. 运行分析及事故预防制度

通过对电气设备的异常工况分析，做好事故预防，摸索设备安全经济运行的规律，不断提高运行水平。

二、高压配电装置运行安全常识

高压配电装置是指1kV以上的电气设备，按一定接线方案，将有关一、二次设备组合起来，用于控制发电机、电力变压器和电力线路，也可作为大型交流高压电动机的启动和保护用。高压配电装置是接受和分配电能的电气设备，由开关、监察测量仪表、保护电器、连接母线和其他辅助设备等组成。

1. 运行前的安全检查注意事项

（1）检查柜内是否清洁，改装电气元件的功能规格是否与图纸相符。

（2）检查一、二次配线是否符合图纸要求，接线有无脱落及二次接线端头有无编号，所有紧固螺钉和销钉有无松动。

（3）检查各电气元件的整定值有无变动，并进行相应的调整。

（4）检查所有电气元件安装是否牢固，操动机构是否灵活，联锁机构是否正确、可靠，各程序性动作是否准确无误。

（5）对断路器、隔离开关等主要电器及操动机构，按其操作方式试验5次。

（6）各继电器、指示仪表等二次元件的动作是否正确。

（7）检查保护接地系统是否符合技术要求，检验绝缘电阻是否符合要求。

（8）对于手车式高压配电装置应将手车推到试验位置并锁紧，对断路器进行试验，无异常后使断路器断开，解除锁紧，将手车推进工作位置并锁紧。

（9）待所有检验没有异常现象后，才能投入运行。

2. 运行中注意事项

（1）保持柜内清洁，定期检查全部紧固螺钉和销钉有无松动，端子及其他部位接线是否牢靠，有无脱落现象。

（2）运行中要特别注意柜中的电气开断元件等是否有温升过高或过烫、冒气、异常的响声及不应有的放电等不正常现象。若发现异常现象，应及时停电检修，排除故障因素，防止事故发生。

（3）经常监视油断路器主、副油筒中油标油面，高于或低于界限都将降低油断路器的开断能力。在开断短路电流后，油色会变黑，但不一定会影响继续运行，可按规定的4次开断短路电流或累计开断电流数及完成操作循环后，再进行检修。

（4）所有开断元件的触点弹簧长期使用后，弹力可能减小，应定期检查和维修，调整其压缩量，使其处于最佳工作状态。

（5）定期检查保护接地系统的安全可靠性。

三、发电机安全运行常识

1. 影响发电机安全运行的因素

（1）温度　发电机运行中，各部分的温度过高，会使绝缘加速老化，从而缩短使用寿命，甚至会引起发电机的事故。一般来说，发电机温度若超过额定允许温度8℃长期运行时，就会使其寿命缩短一半，所以必须严格监视发电机各部分的温度不得超过允许值。同时为了真正反映发电机内部各部分的实际温度，还要监视其温升。发电机的允许温度和温升，决定于发电机采用的绝缘材料的等级，铁心的允许温度不得超过绕组所允许的温度。

（2）冷却介质　发电机运行时，将产生铜损和铁损，并转化为热量，使发电机各部的温度升高。为了保证发电机能在其绝缘材料允许温度下长期运行，必须使其冷却介质符合有关要求，以便连续不断地把损耗所产生的热量排出去。

（3）电压　发电机电压在额定值的±5%范围内变化时允许长期运行。当发电机电压降低较多时，出力必然受到限制，因为定子电流不得超过额定值的105%，否则定子绕组的温度就会升高，超出允许值。此外，当发电机电压过低时，将使电网的稳定受到威胁，所以一般规定发电机电压应不低于额定值的90%。

当发电机电压升高较多时，励磁电流便要增加，转子的温升就有可能超过允许值。同时定子铁心的磁通密度增高，铁损增大，使铁心发热增加。此外，较高电压使定子绕组绝缘有击穿的危险，因此值班人员应认真监视，及时调整发电机电压在允许范围内运行。

（4）频率　若发电机运行中频率变化较大时，不仅对用户用电极为不利，而且对发电机也会带来有害影响。频率升高，就是发电机的转速增高，转子上的离心力增大，易使转子的某些部件损坏。

2. 发电机的启动与运行安全注意事项

（1）发电机启动过程中的检查　发电机组一经启动，即使转速很低，也应认为发电机和有关的电气装置都已经带电，此时任何人不准在这些回路上做任何工作，以免发生触电事故。

发电机升速到额定转速的一半时，电气值班员应对发电机各部进行一次检查。应仔细倾听发电机、励磁机内部声音是否正常，有无摩擦和振动，整流子或集电环上的电刷是否正常等。

（2）发电机升压　在开始升压时，发电机定子电压上升较快。磁场变阻器动一点，电压就升高很多。当定子电压到达额定值的80%左右时，增加的速度就慢了。当发电机定子电压升到与电网电压相等时，应做好各项检查。

（3）发电机并列　为了防止发电机非同期并列，以下三种情况不准合闸：

1）同期表指针旋转过快时，不准合闸。因为此时发电机与系统频率相差较多，不好掌握断路器合闸的适当时间，往往会使断路器不在同期点上合闸。

2）同期表指针旋转时有跳动现象，不准合闸。这是因为同期表内部可能有卡住的情况。

3）同期表的指针停在同期点上不动，也不准合闸。尽管在这种情况下合闸是最理想的，但断路器合闸过程中，如果系统或待并机频率突然变化，就可能使断路器正好合闸在不同期点上。

四、电力变压器安全运行常识

1. 电力变压器运行准备工作

变压器检修后，值班人员应会同工作负责人进行全面检查，并听取工作负责人关于检修中发现问题，处理结果及改进情况的介绍，然后收回并结束工作票，拆除短路接地线及标志牌，恢复常设遮栏等。

测量变压器绕组对地和各侧之间的绝缘电阻，将结果和当时的上层油温记入登记本，测量时应使用电压等级合格的绝缘电阻表。测量一侧绕组绝缘时，应将另一侧绕组短路接地，以免触电。测量完毕，应对地放电。当测得的绝缘电阻值每千伏工作电压大于1MΩ时，则认为合格。如果有明显降低现象，应分析查明原因并汇报有关领导。

2. 电力变压器运行操作原则

变压器投入运行时，应先按照倒闸操作步骤，合上各侧隔离开关，操作电源，投入保护装置和冷却装置，使变压器处于热备用状态。

变压器各侧设有断路器时，投入或停用必须使用断路器。

变压器投入运行时，一般应先在装有保护装置的电源侧进行（这样当变压器故障时，可由保护装置将断路器跳闸，从而切除故障），然后合上负荷侧断路器。停用时相反。

3. 电力变压器运行监视、检查与维护

变压器运行中，值班人员应根据仪表监视运行情况，使负荷电流不超过额定值，电压不能过高，温度在允许范围内等，并每小时记录表计参数一次。若变压器在过负荷下运行，除应积极采取措施（如改变运行方式或降低负荷等）外，还应加强监视。

值班人员应按规定的分工及周期，对运行和备用中的变压器及附属设备进行全面维护检查，每天至少一次。当系统发生短路故障或天气突然发生变化，应进行重点检查，以便了解和掌握变压器的运行情况，及时发现设备缺陷，迅速处理，从而保证变压器的安全运行。

五、电力电缆安全运行常识

为了保持电缆设备的良好状态和电缆线路的安全、可靠运行，首先应全面了解电缆的敷设方式、结构布置、走线方向及电缆中间接头的位置等，做到心中有数。

1. 电力电缆的运行监视

电力电缆的运行监视包括：温度监视、负荷监视、电压监视等，使电缆在允许的范围内运行。

2. 电力电缆运行时的巡视检查

（1）对直埋电缆的检查应注意：

1）沿线路地面上有无堆放的瓦砾、矿渣、建筑材料、笨重物体及其他临时建筑物等，附近地面有无挖掘取土，进行土建施工。

2）线路附近有无酸、碱等腐蚀性排泄物及堆放石灰等。

3）室外露天地面电缆的保护钢管支架有无锈蚀移位现象，固定是否牢固可靠，引人室内的电缆穿管处是否封堵严密。

4）沿线路面是否正常，路线标桩是否完整无缺。

（2）对沟道内电缆检查时应注意：

1）沟道的盖板是否完整无缺。沟内有无积水、渗水现象，是否堆有易燃易爆物品。电缆有无锈蚀，涂料是否脱落，裸铅皮电缆的铅皮有无龟裂、腐蚀现象。全塑电缆有无被鼠咬伤痕迹。

2）沟道内电缆位置是否正常，接头有无变形漏油，温度是否正常，构件有无脱落，通风、排水、照明和消防等设施是否完整，线路铭牌、相位颜色和标志牌有无脱落。

3）支架是否牢固，有无腐蚀现象。管口和挂钩处的电缆铅包是否损坏，铅衬有无失落。接地是否良好，必要时可测量接地电阻。

(3) 检查时应特别注意电缆终端头和中间接头，终端头的绝缘套管有无破损及放电现象，对充填有电缆胶（油）的终端头有无漏油溢胶现象；引线与接线端子的接触是否良好，有无发热现象；接地线是否良好，有无松动、断股现象；电缆中间接头有无变形，温度是否正常。

六、高压电动机安全运行常识

电动机由于制造工艺不良或运行维护不当，都有可能发生故障。电动机的故障一般可分为电气方面的故障，包括定子绕组、转子绕组、断路器、熔断器、电缆及控制回路等损坏；机械方面的故障，包括电动机的轴承、风叶、机壳、端盖及转轴等的损坏。

电动机在运行中，经常会出现一些不正常的现象，如过负荷、轴承温度升高、电动机电流增大及转速减慢等。当电动机运行中出现这些现象时，称为电动机的异常运行。其表现为电动机电流指示上升或为零、本体温度升高、振动及声音异常等情况。

1. 电动机启动时可能出现的一些故障

电动机启动时容易发生一些故障，如合上断路器后，电流很大而不返回，电动机不转动却只发出嗡嗡声音；电动机转速达不到额定转速；从电动机内冒出烟火等。

电动机启动时故障可能有以下原因：

(1) 电动机定子或电源回路中一相断线，如低压电动机熔丝一相熔断，高压电动机的断路器或隔离开关一相未接通等，因而不能形成三相旋转磁场，电动机就转不起来。

(2) 电动机的转子回路断线或接触不良，使转子绕组内无电流或电流减少，因而电动机就不转或转得很慢。

(3) 机械负荷大或转动机械中有犯卡现象。

(4) 电源电压过低，电动机启动力矩小，因而启动不起来。

(5) 当转子鼠笼条断裂或转子与定子相碰时，可能引起电动机启动时冒火。

电气值班员接到电动机启动不起来的报告后应向机械值班员了解启动过程中的故障现象，此后将电动机的电源停电，用绝缘电阻表测量电动机定子回路和转子回路的绝缘电阻，并检查接线是否正确等，查明故障原因并处理。

2. 电动机自动跳闸事故的处理

正在运行中的电动机，突然发生喇叭、警铃齐鸣，电流表指示到零，断路器绿灯闪光，电动机停转等现象时，则说明电动机已经自动跳闸。此时，机械值班人员应立即按下列步骤和原则进行处理，以保证整个系统的正常运行。

(1) 如果备用机组自动投入，应恢复警报，将各控制开关恢复到正常位置。

(2) 如果备用机组未自动投入，应迅速合上备用电动机的控制开关。

(3) 如果没有备用机组或起动备用机组需较长时间而影响发电时，准许将已跳闸的电动机强送电一次。但下列情况例外：当电动机及其回路上有明显的短路或损伤现象时（电动机的电流表指针有严重冲击现象，电动机有冒烟、着火及音响等异常现象）；发生需要立即停止运行的人身事故；电动机所带动的机械严重损坏。

(4) 通知电气值班人员对故障电动机进行停电操作并检查原因。

七、直流系统安全运行常识

在发电厂中，供给控制、保护、自动装置、事故照明、汽轮机直流油泵等的用电，要求有可靠的直流电源。由于蓄电池是一种独立的化学电源，它能把电能转化为化学能储存起来，当发电厂内发生任何事故时，甚至在交流电源全部停电的情况下，都能保证直流系统中的用电设备可靠地工作，即蓄电池能将储存的化学能转化为电能送出，因此，以蓄电池为主体的直流系统对发电厂的安全发供电是很重要的。蓄电池直流系统的常见的事故有直流母线电压低或高、直流系统接地等，在处理时应注意以下几点。

1. 直流母线电压低或电压高

在直流系统运行中，若出现母线电压低的信号时，值班人员应立即检查原因并消除。检查浮充电流是否正常，检查直流负荷是否突然增大等，若属发生事故，直流负荷突然增大时，应迅速调整放电调压器的触头，使母线电压保持在规定值。

当出现母线电压高的信号时，应降低浮充电流，使母线电压恢复正常。

2. 直流系统接地

直流系统发生一点接地后，在同一极的另一地点发生接地或另一极的一点发生接地时，就构成两点接地短路，这将造成信号装置、继电保护或断路器等的误动作，从而使发电厂的正常生产遭到破坏。因此当直流系统发生一点接地时，应迅速寻找，尽快消除，防止发展成为两点接地故障。直流系统接地寻找的一般原则为：

（1）对不重要的直流电源馈线，采取瞬停法寻找。即拉开某一馈线的隔离开关，再迅速合上，并注意接地现象是否瞬时消失。若未消失过，依次继续选择。

（2）对于重要直流电源馈线或采用先接通切断的电源开关时，应考虑接地是否转移。若接地现象已转移到另一直流母线系统，则为该馈线接地。

八、电气设备接地装置安全运行常识

为保护人身安全和电力系统可靠性，应对变配电和用电设备进行接地和接零保护。

1. 电气设备接地的一般原则

（1）为保证人身和设备安全，电气设备应接地或接零。

（2）应尽量利用一切金属管道及金属构件作为自然接地体。

（3）不同用途和不同电压电气设备，一般应用一个总的接地体。

(4) 当条件受到限制，电气设备实行接地困难时，可设置操作和维护电气设备用的绝缘台，并考虑操作者在台上工作。

(5) 低压电网的中性点可直接接地或不接地，但 380/220V 低压电网的中性点必须直接接地。

(6) 中性点直接接地的低压电网，应装设迅速自动切除接地短路故障保护装置。

(7) 避雷器与放电间隙，应与保护设备外壳共同接地。

2. 接地装置的安装

电气设备接地装置在安装时应选择合适的地点，接地体应符合设计要求。由于接地装置不可靠，尤其是接地线不可靠，就要发生事故，因此为保证安全可靠，敷设接地线时，必须使接地线成为完好的电气通路。

3. 接地装置检查

对于接地装置要按设计要求进行检查，一般检查内容为：检查接地线各连接点的接触是否良好，有无损伤、折断、腐蚀等现象；定期对接地装置的地下 500mm 以上部位挖开地面进行检查，观察接地体腐蚀程度，接地线是否牢固；检查接地线与电气设备及接地网的接触是否良好，若有松动脱落，应及时修补。

九、电气设备检修安全生产技术常识

电气检修工作是一种特种作业，它对作业者本人及周围的人都具有一定的危害性。因此，在电气设备上工作一定要有可靠的安全措施，否则一旦发生事故，就会损坏设备，或者造成人员伤亡。为保证电气检修工作人员和设备安全，必须认真贯彻执行《电业安全工作规程》(发电厂和变电所电气部分)。

1. 检修计划的编制

现阶段我国实行的是“预防为主，计划检修”的方针，设备到期必须检修。对设备进行定期的监测、试验和鉴定，更换已到期的、需要更换的零部件，或是根据设备和系统的缺陷情况，进行消除缺陷而安排检修项目。

检修计划包括年度计划和三年滚动计划。年度计划每年编制一次，三年滚动计划主要是对三年中后两年需要在大修中安排的重大特殊项目进行预安排。

2. 检修的准备工作

（1）针对系统和设备的运行情况、存在的缺陷和小修核查结果及年度检修计划要求，确定检修重点项目，制定符合实际情况的对策和措施，做好有关设计、试验和技术鉴定工作，并制定施工技术组织措施及安全措施。

（2）落实物资（包括材料、备品备件、安全用具、施工机具等）准备和检修施工场地布置。

（3）组织各班组学习讨论检修计划、项目、进度、措施及质量要求和经济责任制等，并做好特殊工种和劳动力安排，确定检修项目的施工和验收负责人。开工前还应复查，确保大修顺利进行。

3. 检修工作的实施

（1）检修的开工条件。重大特殊项目的施工技术措施已经批准；检修的项目、进度、技术措施、安全措施、质量标准已组织检修人员学习；劳动力、主要材料和备品备件以及生产、技术协作项目等均已落实，不会因此影响工期。

（2）检修阶段的组织管理。

1）贯彻安全工作规程，检查各项安全措施，确保人身和设备安全。

2）检查检修岗位责任制，严格执行各项质量标准、工艺措施，保证检修质量。随时掌握施工进度，加强组织协调，确保如期竣工。

3）贯彻勤俭节约原则，爱护工具、器械，节约原料、材料。

（3）检修进度和质量的监控：

1）设备解体前应查阅好设备检修前的技术文件和试验资料，解体后要进行全面检查，查找设备缺陷，掌握设备技术状况。

2）对于可能影响工期的项目（设备有可能发生磨损、腐蚀、老化等），以及需要进一步落实技术措施的项目，设备的解体检查应尽早进行。

3）设备解体后，发现新的缺陷，要及时补充检修项目，落实检修方法。

4）各级检修管理人员，要注意调查研究，随时掌握检修进度，协助现场做好劳动力、特殊工种、检修进度、信息工期机具和材料供应等的平衡调度工作。如果检修工种不能按时竣工，应办理延长工期手续。

5）在坚持检修“质量第一，保证安全”的前提下，每个检修人员都应树立经济观点，养成勤俭节约的作风，合理使用材料和更换零部件，防止错用和浪费器材。

6）检修过程中，要及时做好记录，记录的主要内容应包括设备技术状况、检修内容、系统和设备结构改动、测量数据和试验结果等。记录应完整、正确、简明和实用。

7）搞好工具、仪表管理，严防工具、机件或其他物件遗留在设备或管道内；重视消防、保卫工作；检修工作结束后，做好现场清理工作。

4. 检修后的检验及移交

(1) 检修质量的检验　质量检验由检修人员自检和验收人员检验相结合，简单工序以自检为主。质量检验以部颁和现场的工艺规程与质量标准为准则。验收人员必须深入现场，调查研究，随时掌握检修情况，不断地帮助检修人员解决质量问题。同时，必须坚持原则，坚持质量标准，把好质量关。

(2) 验收程序和方法　质量验收实行三级验收制度。由班组验收的项目，一般先由检修人员自检后交班组长进行检验。班组长要做好必要的技术记录。重要工序和重要项目及分段验收项目和技术监督项目由上一级组织进行验收。检验后，应填好分段验收记录，其内容包括检修项目、技术记录、质量评价及检修和验收双方负责人的签名。

(3) 设备检修后试运行 设备检修后试运行和整体试运行。

1) 分步试运行应由运行负责人主持，检修负责人、有关检修人员和安监人员参加。分步试运行必须在分段试验合格并检查修理项目无遗漏，检修质量合格，且技术记录、有关资料齐全无误后方能进行。

2) 整体试运行应由厂总工程师主持。在检查分段验收、分步试运行资料，并进行现场检查、质量、环境符合要求后，由总工程师发布启动和整体试运行决定。

3) 试运行前，检修人员应向运行人员书面交代设备和系统的变动情况以及运行中要注意的事项。在试运行期间，检修人员和运行人员应共同检查设备的技术状况和运行情况。

第五节 化学设备运行与检修操作安全常识

一、化学作业一般安全注意事项

(1) 一切危险品要按照其性质进行分类，药品瓶要有明确标签，剧毒性药品必须制定保管、使用制度，并严格遵照执行。此类药品应设专柜并加锁。毒性物质洒落时，应立即全部收起，并把落入毒物的物品清洗干净。

(2) 严禁用口含玻璃管吸取有毒、挥发性和性质不明的液体。用移液管吸取有毒样品时，应用橡皮球操作。如需鉴别试剂时，可以用手在容器上轻轻扇动，在稍远地方嗅其散发出的气味即可。

(3) 禁止将药品放在饮食器皿内，也不准将食品和食具放在化验室内。如使用毒物进行工作，则离开实验室时要仔细洗手和漱口。

(4) 对于某些有毒的气体，如氯的氧化物、溴氯、硫化氢、磷、砷化物、氢氟酸等气体的处理，必须在抽毒罩和通风橱内进行。头部应该在通风橱外面，否则，可能引起危害健康的人身事故。

(5) 氧化剂与还原剂药品不能存放于一处，易感光、分解的药品均应避免阳光照射。

(6) 发生中毒时必须急救中毒人员。如果由于吸入毒性气体、蒸汽，应立即将中毒者移到新鲜空气处；如果中毒是由于吞入毒物，应采取呕吐办法排除胃中的毒物，然后送医疗部门急救。

二、水、汽取样安全常识

进行水、汽质量监测时，从机组及其热力系统的各个部位取出具有代表性的水、汽样品是化学监督工作的重要内容，是保证正确地进行水、汽质量化学监督的前提。所谓代表性的样品是设备和系统中水、汽质量的真实情况；否则，即使采用很精密的测定方法，测定的数据也不能真正说明水、汽质量是否达到标准，它不能被用来作为评价设备和系统内部结垢、腐蚀和积盐等情况的可靠资料。在取样过程中应注意以下几点安全技术要求：

(1) 取样装置应符合标准要求，并对样品品质进行准确及时的分析，样品分析数据可用以监测和控制水、汽品质。

(2) 为保护仪表设施不受损坏，取样装置应设有温度开关，以便在温度过高时自动切断水样，达到保护仪表的目的。

(3) 取样压力过高，易使样品温度得不到有效控制，更易发生取样系统的表计损坏及人身伤害事故。

(4) 汽、水取样地点应有足够的照明，取样时应做好防止烫伤的措施。

(5) 调整取样流量时，应注意并防止烫伤。应先开启冷却水门，然后再缓慢开启取样门，期间若冷却水中断，立即关闭取样门。

(6) 若在电气设备上取油样时，应由电气专业人员进行操作，化验人员在旁进行指导。

(7) 在运行中的汽轮机上取油样，应取得汽轮机值班员的同意，并在其协助下进行取样的操作。

（8）在取有害物质样品时，应完全消除有害物质对人身的侵害可能性，如侵蚀皮肤、呼吸器官或消化道等。取样现场应配备必要的清洗药品和充足的水源。

（9）自高压设备中取汽体试样时，应将汽样通过减压装置，然后才能进行取样。

（10）在皮带上取样时，工作人员应扎好袖口，并站在栏杆外面，握紧铁锹，逆向煤的流动方向取样。

（11）上煤车取煤样时，必须通知燃料值班人员，只有确认煤车在取样时不会移动，可上车取煤样。

（12）凡在容器或槽箱内取样，如汽包、省煤器、除氧器、过热器等设备，应事先学习有关注意事项（如电气工具、气体中毒、窒息急救法等），并通知相关专业。取样时应不少于两人，其中 1 人在外面监护，监护人员不能同时担任其他工作。

三、酸、碱性药品的安全使用常识

（1）搬运和使用腐蚀刺激性药品，如强酸、强碱等药品，工作人员应熟悉药品的性能和操作方法，取用时戴上橡皮手套和防护眼镜，穿上橡胶围裙和长筒胶靴。如瓶子较大，必须两人搬运，搬运时必须一手拖住底部，一手拿住瓶颈。搬运时必须设监护人，在监护人的统一协调下进行。

（2）稀释硫酸时，禁止将水倒入酸内，应将浓酸少量缓慢地倒入水中，并不断进行搅拌，防止剧烈发热。

（3）在溶解氢氧化纳、氢氧化钾等发热物时，必须在耐热器皿内进行。如需将浓酸或浓碱中和，必须先进行稀释。

（4）酸碱类工作的地点，应有充足的照明，应备有自来水、毛巾、药棉以及急救时中和用的溶液。

（5）凡属使用浓酸的操作，必须在通风良好处和通风橱内进行。

（6）在压碎或研磨苛性碱和其他危险品时，须戴橡胶手套、口罩和防护眼镜并使用专业工具。打碎大块苛性碱时，可先用布包住，注意防范小碎块或其他物质飞溅到眼内或皮肤上。

(7) 酸、碱或腐蚀性物品，不得在烘箱内烘烤。

(8) 用浓硫酸做加热浴或检定的操作，必须小心进行，火焰不能超过石棉网的石棉芯，搅拌要小心均匀，眼睛要与器皿保持一定距离，以免受热溅出伤人。

(9) 用压缩空气顶压卸车时，空气压力不能超过槽车允许压力，严禁在槽车带压情况下开启法兰卸压。

(10) 地下或半地下的酸、碱储存设备的顶部不准站人。酸、碱罐设备周围应设立围栏和醒目的标志。

(11) 酸、碱储存罐的液面计，应设有防碰的金属护罩。

(12) 氢氟酸洗锅炉时，应遵守下列规定：

1) 氢氟酸应盛装在聚乙烯或硬橡胶容器内，桶盖密封。不准放在日光下曝晒。

2) 参加浓酸作业人员，须戴防毒口罩和面具，工作结束后，必须冲洗头部和身体各部位。

3) 淡酸系统如发生泄漏，应用红白带围起，并安排专人看守，禁止接近。

4) 皮肤上溅着酸液，应立即用大量清水冲洗，并涂可的松软膏；眼睛内溅入酸液，应用大量清水冲洗，并滴氢化可的松眼药水。

5) 严禁将酸洗废液直接排放，排放前应先进行中和。

(13) 取下正在沸腾的水或容器时，须先用烧杯夹子摇动后才能取下使用，以防止使用时突然沸腾溅出伤人。

四、液氯设备安全运行常识

在工业冷却水处理中，为了防止循环水不产生生物黏泥，要控制循环水中的异养菌数不超过标准，因此对于作为循环水系统的补充水，需要进行消毒杀菌处理。在除盐水处理系统中，为了防止离子交换树脂受到细菌的污染，也需要对其进行消毒杀菌。此外，杀菌还可以除去水的色度。

常用的消毒方法有物理和化学方法。物理方法有加热法、紫外线法、超声波法等，化学方法有加氯法、臭氧法、重金属离子法以及其他氧化剂法。使用较为普遍的是加氯法，因其消毒能力强，价格低，设备简单，便于调节等优点，得到广泛应用。

1. 液氯安装注意事项

（1）安装液氯钢瓶时，瓶上两个阀门垂直于地面，上面为氯气阀门，下面为液氯阀门，向蒸发器输送液氯的管道应与下面的阀门连接。

（2）尽量减少阀门，以减少或防止泄漏部位，安装完毕后应及时进行试压查漏试验。

（3）为避免氯气瓶内沉淀物进入管口，安装氯气瓶时头部阀门端应抬高4~6cm，安装液氯管道也应略倾向氯瓶，氯气出口气管略倾向于蒸发器。

（4）控制箱可与蒸发器一起就地安装，也可安装在值班室内远距离控制监测。

（5）输送液氯管可用加厚钢管或耐压氟塑料。原支管可用退火铜管，垫等材料可用石板或氟塑料填料。

（6）加氯气瓶间可根据具体情况设置必要的换气设备，因为氯气比空气重，所以排气孔应尽量设在低处。

（7）加氯量大的氯气瓶间、氯气瓶和加氯机应分隔，并与其他工作间分开。

（8）杜绝管路系统泄漏，特别要注意阀门与管件的连接处活动接管与氯气瓶的连接处。

（9）氯气瓶的总阀门外边要装保护帽，防止运输和使用时碰坏。氯气瓶上的螺纹全部都是右螺纹，使用时应注意旋转方向。

（10）氯气瓶外壳要安装淋水装置，以供给液氯气化时的热量。

（11）在氯气瓶与加氯机之间要设中间缓冲槽，可使氯气中的杂质沉落在缓冲槽中。一旦加氯机发生故障，中间缓冲槽可以起保护作用，以防止水返回到氯气瓶中。

（12）严防氯气瓶碰撞，要轻装轻卸，不要滚动，严禁采用抛、滑及其他引起碰撞的方法装卸，以免发生事故。

（13）使用氯气瓶的周围场所，不得有火种和易燃物。放置地点的气温应低于40℃。

（14）使用氯气瓶时，如发生瓶颈冻结，严禁用火、开水、蒸汽等直接进行加热瓶体，以免发生爆炸。只可用35℃以下的温水或湿布加热。

（15）为保证设备安全可靠地运行，蒸发器应控制采用电触点仪表自动控制气压及水温等，同时必须提高管路、附件的质量，并定期检修提高管理水平。

2. 加氯设备运行注意事项

（1）液氯间应有不间断水源供给，并设立足够的淋水设备和排气扇，保证管道内水源稳定。

（2）加氯设备应保证不间断运行，并设有备用设备。

（3）杜绝管路系统泄漏，特别要注意阀门与管件的连接处活动接管与氯瓶的连接处。

（4）加氯机的安全保护装置应完备，不允许水射器工作水倒至蒸发器及相应管路。氯气在进入加氯机间应设储气罐。

（5）多个氯气瓶集中供氯，应保持备瓶之间的温度相同，以防高温瓶的气体进入低温容器，使压力局部增加引起危险。

（6）如果利用加温水直接作为热源，使热水在系统内循环流动，其水室管路系统可作相应改动，并控制温度小于或等于50℃。

（7）氯气在使用过程中，特别注意氯气瓶不能进水，以免钢瓶腐蚀发生事故。

（8）氯气钢瓶内的液氯不宜全部用光，要保留10～15kg残液，更不宜抽空，以防漏入空气和进水而产生腐蚀和发生事故。

（9）钢瓶内的液氯，在使用过程中，因汽化挥发吸收大量的热，使氯气瓶外壳周围的温度降低而结露，从而阻碍了液氯的进一步汽化。在使用过程中把水淋在氯气钢瓶上，并不是为了冷却，而是提供给液氯汽化时所需要的热量。

第六节　除尘设备安全运行常识

一、一般安全注意事项

（1）工作人员的工作服必须为纯棉质地，衣服和袖口必须扣好。女工作人员禁止穿裙子及高跟鞋，长发必须盘入帽内，以防止被转动机械绞住。进入现场，必须穿绝缘鞋，戴好安全帽；接触高温物体（如输灰管路及设备，蒸汽或电加热器等设备），必须戴手套；接触粉尘时，必须佩戴防尘口罩；粉尘浓度大时，须佩戴防尘风镜。

（2）生产现场必须照明充足，通风良好，电除尘器本体上的各部楼梯、平台、通道平整畅通。冬季要做好防止积雪、冻冰的措施。所有楼梯和平台必须装设不低于1050mm 高的栏杆和不低于100mm 高的护板，以防人身及杂物坠落。

生产现场所有通道不准堆放杂物，电缆及管道不应敷设在通道上；否则，必须用盖板铺平。各灰沟应覆以与地面平齐的坚固盖板。

（3）遇有电气设备着火时，应立即将其有关电源切断，然后进行灭火。除尘器电控部分着火，应使用1211 灭火器灭火；整流变（已隔绝电源）可使用干式灭火器、1211 灭火器灭火，不能扑灭时再用泡沫灭火器灭火。地面上的绝缘油着火，应用干砂灭火。

（4）整流变事故泄油管路应完好，并引向设置在安全地点的储油箱。

（5）各设备附近（如控制室、电缆层、整流变压器等）应配备足够的灭火器材，并定期进行维护，以保证其可靠性。电缆孔应密封严密，电缆层、母线室、整流变压器室应上锁，高位布置的整流变压器及高压开关柜应有足够的抗风雨能力。

所有电气设备的接地装置符合要求。

二、电除尘器安全运行常识

1. 启动前的检查与准备工作

（1）电除尘器本体部分　检查电场仍处于检修状态，安全措施完整（唯此状态下方可进入电场内部），电场内部清理完毕，无杂物、工器具、临时支撑吊挂装置、临时接线遗留等。所有阴、阳极振打位置正确，瓷套管内部、支撑绝缘子、电瓷转轴等高压绝缘部件干净、清洁。然后拆除各接地线，测量电场绝缘符合要求后，封闭各人孔门。

（2）电除尘器辅助电气设备检查　各电机接线盒接头检查，电机绝缘合格，电控柜、盘、设备完好，清洁无杂物。电气部位连接良好，熔断器完好，信号及指示灯完整，接地线完好。

（3）电除尘器辅助机械设备检查　各转动机械传动机构及安全防护罩壳完好，减速机完好，油质清洁、油量充足，转机冷却水畅通，输灰管路及阀门正常。

（4）电除尘器高压供电装置的检查　整流变油位正常，呼吸器的干燥剂颜色正常，所有电缆、套管完整，接地线完好，阻尼电阻及隔离开关完好，动作可靠。隔离开关、高压开关室、人孔门安全联锁及闭锁装置良好，检修作业时使用的接地线已拆除。检查各高压控制柜完好。

2. 电除尘器启停注意事项

（1）整流变压器禁止开路运行，因此，启动前应保证高压回路完好，一旦发现开路运行（二次电压升高，二次电流为零），应立即降低电压停止运行。运行中严禁操作高压隔离开关。

（2）为了减少设备冲击，停机操作时，宜先将电压降低后，再分闸，尽量避免在正常运行参数下直接停止运行。

三、除灰系统设备安全运行常识

1. 启动前的检查

（1）除灰系统检修工作结束，处于备用状态。

(2) 所有管道及其附件完整牢固，介质流向明显正确。

(3) 各部机械与管道、阀门连接牢固，法兰、盘根严密不漏，各阀门开关灵活，开关方向指示明显正确。

(4) 所有设备标志牌完好，明显正确。

(5) 分离器防爆门密封良好，灰仓顶部人孔门密封良好。

(6) 电动锁气器、给料机、排灰机外形完整，盘车轻快，对轮连接牢固，安全罩完好，减速机严密无漏油，减速机油质清洁，油位计清晰，油量充足，油位在上下油位线的3/4 处。

(7) 各部电机外形完整，地脚螺栓较牢固，接地线完好。

(8) 水力除灰系统冲灰沟畅通，盖板牢固，地沟喷嘴开启，冲灰压力充足。

(9) 空压机出口阀门开启，入口减荷阀关闭，空压机处于备用状态。

2. 除灰系统的运行和维护

(1) 全面检查无误后，启动空压机对系统吹扫 5 ~ 10min 后，开启下灰门，系统投入运行。

(2) 对运行中的除灰系统应保证每小时巡检一次，注意监视灰斗及灰仓的料位指示，及时调整下灰量，保证下灰正常。

(3) 经常监视风源设备运行正常，压力充足稳定，保证输灰需要。

(4) 监视灰管路，灰斗、灰仓、分离器等无漏风、漏灰现象。

(5) 灰位监视镜无裂纹，下灰情况良好，无堵管现象，压力表指示正常。

(6) 各部锁气器、给料机、排灰机运行正常，无卡、堵现象。

3. 运行中的注意事项

(1) 当风源设备故障需停止空压机时，应相应地停止一条或几条灰管运行，以保证其他灰管的正常输灰压力。

（2）运行中灰仓料位计显示灰满时，应立即停止向该仓输灰，并联系尽快放灰。

（3）为保证压缩空气干燥、清洁，储气罐必须按时排污。

（4）无论何种原因，出现灰没极板，电场被迫停止时，要停止阳极振打运行，及时调整下灰量，尽快使电场恢复运行。

第八章 供电企业安全生产常识

第一节　送电线路运行与检修安全常识

送电线路是输电网的重要组成部分，随着厂网分开的实施，其在电网中的地位更突出，成为电网安全、经济、可靠运行的关键。送电线路担负着将强电流长距离输送的任务。它的健康状况，直接影响着供电的可靠性、安全性及供电单位的经济效益。

送电线路运行与检修专业是电力系统专门负责 35～500kV 架空输电线路正常供电，并按时进行正常巡视、检查和维护供电设备的工作。根据巡视检查发现的问题（设备缺陷）和季节特点，制定检修计划，并在春检或秋检中消除设备缺陷，完成检修任务，保证设备健康运行。

一、送电线路安全运行常识

1. 送电线路安全运行的基本规定

（1）线路的运行工作必须贯彻安全第一，预防为主的方针。运行人员应全面做好线路的巡视、检测、维修和管理工作，应积极采用先进技术和实行科学管理，不断总结经验，积累资料，掌握规律，保证线路安全运行。

（2）线路的运行人员应掌握设备状况和维修技术，熟知有关规程制度，经常分析线路运行情况，提出并实施预防事故，提高安全运行水平的措施。

（3）运行人员不得擅自将线路分段维修或延长维修周期。

（4）每条线路必须有明确的维修界限，应与发电厂、变电所和相邻的运行管理单位明确划分分界点，不得出现空白点。

（5）新型器材、设备和新型杆塔必须经试验、鉴定合格后方能试用，在试用的基础上逐步推广应用。

（6）严格执行《中华人民共和国电力法》、《电力设施保护条例》、《电力设施保护条例实施细则》，防止外力破坏，做好线路保护及群众护线工作。

（7）导线、地线应采取有效的防振措施，运行中应加强对防振装置的维护，以及对防振效果的检测。

（8）线路的杆塔上必须有线路名称、杆塔编号、相位以及必要的安全、保护等标志。

2. 巡线的一般规定

线路的巡视是为了经常掌握线路的运行状况，及时发现设备缺陷和沿线情况，并为线路维修提供资料。

（1）巡视种类。

1）定期巡视。经常掌握线路各部件运行情况及沿线情况，及时发现设备缺陷和威胁线路安全运行的情况。定期巡视一般一月一次，也可根据具体情况适当调整，巡视区段为全线。

2）故障巡视。查找线路的故障点，查明故障原因及故障情况。故障巡视应在发生故障后及时进行，一般巡视发生故障的区段或全线。

3）特殊巡视。在气候剧烈变化、自然灾害、外力影响、异常运行和其他特殊情况时及时发现线路的异常现象及部件的变形损坏情况。特殊巡视根据需要及时进行，一般巡视全线、某线段或某部件。

4）夜间、交叉和诊断性巡视。根据运行季节特点、线路的运行情况和环境特点确定重点。巡视根据运行情况及时进行，一般巡视全线、某线段或某部件。

5）监察巡视。工区（所）及以上单位的领导干部和技术人员了解线路运行情况，检查指导巡线人员的工作。监察巡视每年至少一次，一般巡视全线或某线段。

(2) 巡视的主要内容。

1) 检查沿线环境有无影响线路安全的情况，如向线路设施射击、抛掷物体；擅自在线路导线上接用电器设备；攀登杆塔或在杆塔上架设电力线、通信线、广播线，以及安装广播喇叭；利用杆塔拉线作起重牵引地锚，在杆塔拉线上栓牲畜，悬挂物件；等等情况。

2) 检查杆塔、拉线和基础有无缺陷和运行情况的变化，如塔倾斜、横担歪扭及杆塔部件锈蚀变形、缺损；杆塔部件固定螺栓松动、缺螺栓或螺母，螺栓螺纹长度不够，铆焊处裂纹、开焊、绑线断裂或松动；混凝土杆出现裂纹或裂纹扩展，混凝土脱落、钢筋外露，脚钉缺损；拉线及部件锈蚀、松弛、断股抽筋、张力分配不均，缺螺栓、螺母等，部件丢失和被破坏等现象。

3) 检查导线、地线（包括耦合地线、屏蔽线）有无缺陷和运行情况的变化，如导线、地线锈蚀、断股、损伤变形或闪络烧伤；导线、地线弧垂变化、相分裂导线间距变化；跳线断股、歪扭变形，跳线与杆塔空气间隙变化，跳线间扭绞；跳线舞动、摆动过大等现象。

4) 检查绝缘子、绝缘横担及金具有无缺陷和运行情况的变化。

5) 检查防雷设施和接地装置有无缺陷和运行情况的变化。

6) 检查附件及其他设施有无缺陷和运行情况的变化。

线路发生故障时，不论重合是否成功，均应及时组织故障巡视，必要时需登杆塔检查。巡视中，巡线员应将所分担的巡线区段全部巡视完，不得中断或遗漏。发现故障点后应及时报告，重大事故应设法保护现场。对所发现的可能造成故障的所有物件应搜集带回，并对故障现场情况做好详细记录，以作为事故分析的依据和参考。

二、送电线路检修安全常识

1. 检修人员现场作业安全注意事项

(1) 工作人员进入检修现场，正确佩戴安全帽。

（2）工作人员工作时应穿着全棉、阻燃的工作服，衣服和袖口必须扣好。

（3）杆上工作人员应系好安全带，正确佩戴。

（4）作业现场的工器具应实行规范摆放。

（5）工器具及材料的传递应用绳索，不得乱扔。

（6）攀登铁塔应沿脚钉、爬梯上下，严禁沿斜材上下，严禁沿拉线上下。

（7）工作现场应做好监护工作，禁止非作业人员进入现场。

（8）作业现场安全措施已全部落实。

（9）作业现场已经过查勘，作业人员已进行安全技术交底。

2. 杆塔上作业安全常识

送电线路由于长期置于露天下运行，要保证送电线路安全运行，首先应保证杆塔及杆塔上各部件有足够的机械和电气强度，应及时更换不符合要求的部件，因此杆塔上作业安全与否尤为重要。

（1）上、下杆塔安全注意事项。

1）必须经过培训并经考试合格后方可进行高空作业。

2）上杆塔前，应先检查杆塔根部是否牢固，发现异常及时向领导汇报，经妥善处理后方可攀登；新立杆塔在杆塔基础未完全牢固以前严禁攀登。

3）攀登杆塔时，应检查脚钉、梯子是否牢固，稳步上、下杆塔；用脚扣登杆时，应先检查登杆工具是否牢固。同时一只脚无滑移时，另一只脚抬起。

（2）杆塔上作业一般规定。

1）杆塔上作业，必须使用合格的安全带，戴好安全帽。安全带应系在牢固的构件上，并防止安全带从杆顶脱出及被利物割断，同时检查安全带扣环是否扣牢；安全帽必须系好扣环，防止脱落；杆塔上作业位置转移时，不得失去安全带保护；作业人员进入横担时，应先检查横担的腐蚀情况。

2）杆塔上作业时，塔下应设专人不间断地监护，监护人戴袖标；杆塔上作业人员工作位置转移时，应与监护人打招呼，取得监护人许可后方可进行。

3）杆塔上有人作业时，不准调整和拆除拉线；检修杆塔时不准随意拆除受力构件，如需要拆除时，应先做好补强措施；调整倾斜杆塔时，应先打好拉线。

4）杆塔上作业人员防止掉东西，现场人员戴好安全帽，使用工具、材料应用绳索传递，不得乱扔，杆塔下方防止行人逗留。

（3）停电线路安装、更换绝缘子、金具。送电线路运行一段时间后，绝缘子及金具会出现零值及老化，就需要及时将不良绝缘子及金具进行更换，以确保送电线路安全运行。安装、更换绝缘子、金具的安全要求：

1）首先工作负责人接到工作许可后，进入工作现场全体工作人员列队宣读工作票，并结合现场具体情况提问停电线路名称、塔号、方向（颜色）等。

2）工作班成员在认清停电线路名称、塔号、方向（颜色）后，在专人监护下逐相验电，验明线路确无电压挂好地线后方可分组作业，并指定小组负责人（监护人），执行上、下杆塔及杆塔上作业的安全措施。

3）作业前应认真检查工具、材料是否符合要求，严禁以小代大，确认无误后方可使用。

4）作业时应有防止导线脱落的可靠措施。

5）使用的工具受力时，工作人员要时刻观察各部件受力情况，发现异常随时调整。当达到最大机械负荷时，应对各着力点和工具做一次全面检查，确无问题后，迅速安装、更换绝缘子或金具。

（4）停电线路绝缘子的清扫与涂硅油。绝缘子清扫与涂硅油是提高送电线路绝缘水平和抵御恶劣气象条件侵袭的重要手段之一，绝缘子清扫与涂硅油质量与否直接影响送电线路安全运行。

绝缘子清扫与涂硅油安全要求：

1）首先工作负责人接到工作许可后，进入工作现场全体工作人员列队宣读工作票，并结合现场具体情况提问停电线路名称、塔号、方向（颜色）等。

2）工作班成员在认清停电线路名称、塔号、方向（颜色）后，在专人监护下逐相验电，确无电压挂好接地线后方可分组作业，并指定小组负责人（监护人）。

3）作业前监护人与工作人员双方必须认识正确一致方可上塔，塔下设专人不间断地监护，监护人戴袖标，并执行上、下杆塔和杆塔上作业的安全措施。

4）每回线路至少验电一相（三回及以上同塔并架线路逐相验电），验电时人身与导线保持0.7m以上安全距离，并徐徐接近导线，确无电压后再作业。

（5）在带电杆塔上作业的一般规定。在带电杆塔上作业是指，在线路带电情况下，运行单位为完成某项工作任务，需要在杆塔上进行的作业。

在带电杆塔上作业，除需满足杆塔上作业的一般规定外，还应满足以下规定：

1）传递工具、材料必须使用绝缘无极绳索，杆塔上人员使用绝缘安全带。

2）作业人员活动范围及其所携带工具、材料的有效绝缘长度，与带电导线最小距离不得小于规定的安全距离。

3）在带电杆塔上作业，风力应不大于5级。

（6）带电绝缘子清扫与涂硅油。涂硅油后3～6个月自然失效，这样就要求运行单位在涂硅油后3～6个月内，将失效硅油清理干净，以保证送电线路安全运行。通常运行单位采取带电绝缘子清扫与涂硅油的方法。

带电绝缘子清扫与涂硅油的安全要求：

1）对所使用的绝缘工具，要进行详细认真的检查，严禁使用不合格的绝缘工具，绝缘工具在有效长度内做好标记。

2）工作中所使用的毛刷不宜过长，以免发生短路。

3）作业班组在工作前必须列队宣读工作票，并结合现场具体情况进行提问，分组作业时，要指定小组负责人，每小组至少两人以上。

4）工作中要设专人不间断监护，监护人戴袖标，并执行上、下杆塔和杆塔上作业及工作位置转移打招呼等安全措施。登耐张塔到引流处后，应绕开引流由塔身上下，防止误触带电设备。对引流距塔身较近的杆塔应由有经验人员清扫，同时绝缘杆不能从下方直接撤出，以免发生短路，清扫绝缘子应从横担侧往导线侧进行（即从横担侧开始）。工作中，严禁两人同时清扫一串绝缘子。

5）工作开始前，应由有经验的技工做示范，班组成员都熟练掌握操作程序、方法、要领后，方可进行工作。

6）进行带电绝缘子清扫与涂硅油工作，应在晴朗天气下进行，同时风力不应大于5级。

3. 放线、撤线、紧线作业安全常识

送电线路在施工及改造中，离不开放线、撤线、紧线等作业，而施工的安全与质量与否，将直接影响施工单位的安全指标及送电线路的安全运行。

（1）放线、撤线、紧线作业的一般规定。

1）放线、撤线、紧线工作应根据具体项目制定安全措施，经主管生产领导批准后方可施工。工作中应设专人统一指挥、统一信号。

2）紧线、撤线前应先检查拉线、拉桩及杆塔根部，如不能适用应加设临时拉绳加固。同时检查紧线、撤线工具是否良好，不合格工具严禁使用。

3）交叉跨越各种线路、公路、铁路、河流等，放、撤线时，应取得主管部门同意，做好安全措施，如搭好可靠跨越架，在路口及跨越架处设专人持信号旗或对讲机看守等。

4）紧线及撤线时应检查导线有无障碍物挂住，同时检查接线管或接头处滑轮、横担、树木、房屋等有无卡住现象。每基杆塔设专人持信号旗或对讲机看守。工作人员不得跨在导线上或站在导线下方及内角侧，防止意外跑线时抽伤。

5）撤线时，严禁采用突然剪断导、地线做法撤线。

（2）放线作业安全常识。放线分为拖地放线（无张力）和张力放线两种施工方法。放线作业除满足放线、撤线、紧线的一般规定外，还应满足以下要求：

1）拖地放线安全要求。

① 合理布置线轴位置，避免在主要交叉跨越挡出现接头。

② 放线盘安置牢固、制动灵活，同时防止导线脱轴。

③ 放线过程中应对导线外表进行认真检查，对线轴上设有标志的地方，应查明情况将导线按施工质量标准处理。

④ 放线过程中应防止导线磨损，若导线出现问题，按施工质量标准处理。

⑤ 导线穿过滑轮后，必须将滑车门扣锁好，同时牵引人员不得在滑车正下方牵引导线，以免导线弯度过大引起松股。

⑥ 人力牵引放线时，人与人之间要保持适当距离，以导线不拖地为宜，放线时每相导线不得交叉，并随时注意信号控制放线速度。

⑦ 机械牵引时，牵引钢丝绳与导线接头处应设专人监视，同时牵引速度每分钟不宜超过20m，并随时注意信号控制放线速度。

2）张力放线安全要求。张力放线除满足上述拖地放线有关要求外，还应满足以下安全要求：

① 牵引、张力机在使用前，要进行试运转，以检查各部件是否正常，严禁超载使用。

② 在放线过程中，因故停工时应将导、避雷线临时锚固后，再将牵引张力放松，但不得使导、避雷线拖地。

③ 牵引时，先开张力机并试好刹车后，方可开牵引机；停止牵引时，先停牵引机后停张力机。

④ 开始牵引时速度不宜过快，以免导线或牵引绳振动脱出轮槽发生卡线现象。

⑤ 导线接地滑车应采用铝轮或铝合金轮，导引绳和牵引绳

使用钢轮接地滑车，二者不得混用。

⑥ 牵引机、张力机导线进出口处与相临杆塔边相的夹角不得大于5°，以免导线跳出轮槽损伤导线。

（3）紧线作业安全常识。紧线作业除满足放线、撤线、紧线的一般规定外，还应满足以下要求：

1）紧线时，全耐张段杆塔基础混凝土强度应达到设计要求后方可施工。

2）紧线前，应根据施工荷重条件验算耐张段杆塔强度，以确定是否加设临时拉线。

3）紧线工作应在白天进行，5 级以上大风、雾、雨、雪等天气影响弛度观测时，应停止作业。

4）紧线前应检查导线是否有磨损、断股、金钩等缺陷，发现问题应及时处理。

5）紧线作业一般以整个耐张段为作业单位，若耐张段过长，也可分段进行，但最终各档弛度必须符合要求。

6）紧线时，应严密监视耐张段杆塔的变形情况（尤其是孤立档及短耐张段），若有变形要及时调整，防止挂线后弛度变化。

7）挂线及划印时，耐张塔上作业人员不准在横担上停留，牵引停止时杆塔上作业人员方可进入横担操作。

第二节　变电运行与检修安全常识

在电力系统运行中，变电设备的安全运行是保证电网安全运行、稳定运行和经济运行的直接执行者。在电网运行中，任何不规范的行为，都可能影响电网安全、稳定运行，甚至造成重大事故。

为了保证变电运行的安全，运行与检修人员必须做到以下几点：每个值班员必须不断提高本身的业务技术素质、管理设备水平、本岗位的工作能力和生产技能；养成良好的劳动纪律，保持良好的精神状况，处理事故要求正确、迅速、果断；经常进行反事故演习，提高自身处理事故的能力。

一、变电运行安全常识

1. 变电安全运行一般规定

（1）变电所所有电气设备的金属部分，必须按规定接零或接地。其接地电阻值应满足规定。

（2）变电所各种设备的技术记录及图纸、档案必须与实际运行设备相符合。当设备变动时，应及时进行更正。

（3）变电所内控制回路及保护回路的每个熔断器应标明名称和使用安培数。熔丝的容量须逐级配置，当回路中有故障时，不应越级熔断。

（4）变电所内的所有指示电压表、电流表均应标明允许值，调整时应及时更正；双方向的功率表，应标明受电及送电的方向。

（5）变电所电气设备均应有标志，且应符合相关规定。变电所设备发生异常现象，如接地、电流、电压回路断线、过负荷、压力异常、温度过高等，均应发出预告音响警报。

（6）变电所应具备各种安全管理制度和标准。

2. 变电所巡视的安全基本要求

巡视检查是变电所运行值班人员最基本的、最经常的工作之一。通过巡视检查变电所设备，不仅能监视变电所中各种设备的正常运行，而且还能及时发现设备的缺陷。运行中设备缺陷及时处理，是保证变电所安全运行的重要措施之一。为保证巡视工作中的人身与设备安全，巡视中必须注意以下几点：

（1）巡视检查。运行值班人员在巡视检查时不得从事与运行工作无关的其他工作。其主要任务是监视电气设备的运行状态，发现设备缺陷，对设备缺陷的情况要及时汇报，并做好记录；只有遇到危害人身或设备安全的紧急情况下，才能按照有关规程规定立即处理。巡视中，绝对禁止移开或越过遮栏而靠近高压设备，以免引起人身触电事故。巡视后，应随手关好门窗，并上锁。

（2）制定巡视周期。各变电所应根据多年运行情况，总结出有规律性的巡视检查周期，按照不同的班次、不同的季节、不同的环境、不同的运行方式以及不同的气候等条件，规定出每次巡视检查的具体内容与要求。

（3）巡视检查遇有雷雨天气，需要进入室外高压设备场区时，应穿试验合格的绝缘靴，并且不得靠近避雷器和避雷针，以免发生人身触电事故。

（4）巡视检查中，若发现高压设备有接地时，不要靠近接地点。在室内不得接近距故障点4m以内，室外不得接近距故障点8m以内。进入上述范围内，必须有第二监护人在现场，并穿好绝缘靴；若需要接触设备外壳和构架时，应戴好绝缘手套，以免因跨步电压、接触电压引起人身触电事故。

（5）从事单独巡视工作的运行人员，必须严格遵守《电业安全工作规程》中的有关规定。

二、变电检修安全常识

1. 高压设备停电作业一般规定

（1）检修设备停电，是指把各方面送至该设备的电源完全断开。其断开点应明显可见，不允许用断路器的触头间隙作为断开点，与停电检修设备有关的变压器、电压互感器，必须从高、低压两侧断开，以防止向停电检修设备反送电。

（2）任何采用星形接线的电气设备（如变压器），在运行之中的中性点电位，有时要随电力系统运行状态的改变而发生变化，所以应该将其中性点视为带电设备。

（3）为避免由于误操作向停电设备突然送电，应将断开电源的有关断路器和隔离开关的操作电源切断（如将电动操动机构的动力电源的熔丝取下），并将手动操动机构的手柄锁住。

（4）停电设备检修之前，应按《电业安全工作规程》的要求执行停电、验电、装设接地线的工作程序。

2. 验电时的安全规定

（1）在特殊情况下（如高压试验后，对设备没有放电），检修人员不能确认设备是否有电，可自行对设备进行验电。验电时，必须使用电压等级合适且合格的验电器。验电前，应先在有电设备上进行试验，确证验电器良好。如果在木杆、木梯或木构架上验电，不接地线不能显示者，可在验电器上接地线，但必须经值班负责人许可。

（2）高压验电时必须戴绝缘手套。验电时应使用相应电压等级的专用验电器。

（3）在电容器上工作，应将电容器逐个放电，在放电时应采用带有放电电阻的绝缘棒放电，并戴绝缘手套。

3. 装设接地线安全规定

（1）检修人员进入现场前，应要求运行人员对检修设备的进出线两侧各装设一组接地线，并将检修设备接地三相短路。这是保护工作人员在工作地点防止突然来电的可靠安全措施，同时设备断开部分的剩余电荷，亦可因接地而放尽。

（2）对于可能送电至停电设备的各方面或停电设备可能产生感应电压的都要装设接地线，所装接地线与带电部分应符合安全距离的规定。

（3）检修母线时，应根据母线的长短和有无感应电压等实际情况确定地线数量。检修10m及以下的母线，可以只装设一组接地线。在门型构架的线路侧进行停电检修，如工作地点与所装接地线的距离小于10m，工作地点虽在接地线外侧，也可不另装接地线。

（4）检修设备若分为几个在电气上不相连接的部分（如分段母线以隔离开关或断路器隔开分成几段），各段应分别验电接地短路。接地线与检修部分之间不得连有断路器或熔断器。降压变电所全部停电时，应将各个可能来电侧的部分接地短路，其余部分不必每段都装设接地线。

（5）在室内配电装置上，接地线应装在装置导电部分的规定地点，这些地点的油漆应刮去，并划下黑色记号。

（6）所有配电装置的适当地点，均应设有接地网的接头。接地电阻必须合格。

（7）装设接地线必须先接接地端，后接导体端，且必须接地良好，拆接地线的顺序与此相反。装、拆接地线均应使用绝缘棒和戴绝缘手套。

（8）接地线应用多股软铜线，其截面积应符合短路电流的要求，但不得小于25mm²。接地线在每次装设以前，应经过详细检查。损坏的接地线应及时修理或更换。禁止使用不符合规定的导线作接地或短路之用。

4. 断路器（开关）检修的安全规定

（1）工作人员在油断路器上工作时，必须切断操动机构的电源。在断路器处于合闸状态下进行调整和检查时，必须把防止操动机构脱扣的止动螺钉锁住，防止断路器误跳伤人。

（2）使用临时电源，必须安装漏电保安器。铅丝规格要逐级摆放，不得越级，以防不测。不准运行人员与带电导体直接接触。

（3）在液压或储压设备等承压设备上工作时，不允许拆卸该设备上的部件或在设备上进行工作。

（4）检修220kV断路器时，应搭检修支架，要求横平竖直。各连接处要紧固结实，横跨跳板应固定在检修支架上。构架两侧应有检修人员上下的专用梯子，并固定绑好。上下构架时，应从梯子上下，不得随意攀登。

（5）在断路器检修过程中，待用的工器具及断路器各部件要可靠放置，以防不慎坠落造成设备及人身伤害。

（6）液压机构分解前，要将交、直流电源断开，压力全部释放，确保无压力状态下工作。储能筒与支架分离及组装时要垂直起落，要用专用工具卡住，防止窜动。

（7）断路器在每次检修时，应进行低电压的合、跳闸试验。

5. SF_6断路器检修的安全要求

（1）新安装的SF_6断路器投入运行前，必须复测断路器本体内部气体的含水量和漏气率。对运行中的SF_6断路器，应定期测量SF_6气体的含水量。新安装或大修后每三个月测量一次，待含水量稳定后每年测量一次。

(2) 在室内对设备充装 SF_6 气体时，周围环境相对湿度应不大于 80%，同时必须开启通风系统，而且要避免 SF_6 气体泄漏到工作区。

(3) 应尽量避免单独一人进入 SF_6 配电室进行巡视或进行检修工作。工作人员不准在 SF_6 设备防爆膜附近停留。巡视中如果发现运行的 SF_6 断路器气体压力异常（如突然降至零等），应立即断开故障断路器的控制电源，及时采取措施，断开上一级断路器，将故障断路器退出运行。

(4) SF_6 电气设备解体检修前，必须对 SF_6 气体进行检验，并根据有毒气体的含量多少采取相应的安全措施。检修人员需穿着防护服，且根据需要佩戴防毒面具。SF_6 电气设备封盖打开后，检修人员应暂离现场 30min。在取出吸附剂和清除粉尘时，检修人员应戴防毒面具和防护手套。检修结束后，检修人员应洗澡，使用过的工具、防护用具应清洗干净。

(5) SF_6 电气设备发生紧急事故时，应立即开启全部通风系统进行通风。发生设备防爆膜破裂事故时，应停电处理，并用汽油或丙酮擦拭干净。

(6) 电气设备内的 SF_6 气体不得向大气排放，应采用净化装置回收，经处理合格后方准使用。

6. 隔离开关检修的一般安全规定

(1) 在隔离开关构架上检修作业开始前，要系好安全带。使用攀登用具时应认真检查，稳妥放置，确保安全可靠方可攀登作业。禁止攀登瓷柱进行作业，以防瓷柱断裂。

(2) 在分解及安装隔离开关时，各部件应稳妥放置。传递时要手与手相交传递，不允许随意上下抛扔。

(3) 在隔离开关检修过程中，不能确保作业人员安全的情况下，不允许进行隔离开关操作。

(4) 手动合入隔离开关时，操作应迅速、果断，合入终了无撞击现象。如果合闸操作中发现隔离开关触头间产生电弧，应毫不犹豫地将隔离开关迅速合入，合入后再分析查找发弧原因，并严禁将隔离开关再拉开。

(5) 拉开隔离开关时应注意以下几点：

1) 进行手动拉开隔离开关操作之前，首先应检查其机械闭锁装置，确认无闭锁之后再进行操作。

2) 手动拉开隔离开关的操作应缓慢小心进行。特别是在隔离开关触头刚分开时，更应该慎重。如果这时未发现异常的弧光，应迅速拉开隔离开关；如果这时出现强烈的弧光，应果断地将隔离开关合好，停止继续操作，尽快查明原因再进行处理；如果这时出现强烈的弧光，仍继续拉开，可能造成带负荷拉隔离开关的严重事故。

3) 手动拉开隔离开关时，在操作人员与隔离开关之间无隔墙隔开的情况下，操作人员身体应避免正面对着隔离开关，以减轻发生带负荷拉隔离开关等事故时对人身的伤害。

4) 手动拉开隔离开关之后，应检查隔离开关动触头和操动机构拉至最终位置，并查证机械闭锁装置位置正确，以免因拉闸位置不到位而引起隔离开关误合事故。

第三节 配电运行与检修安全常识

配电线路主要包括10kV及以下的架空线路和电缆线路。配电线路的特点是点多、面广、线长，走径复杂，设备质量又参差不齐，曝露在野外，运行条件差，极易受到气候环境和地理环境等外界因素的影响，又直接面对用户端，供用电情况复杂等，这些都直接或间接影响着配电线路的安全运行。

一、配电运行安全常识

1. 配电网络

配电网络分为一次配电网络和二次配电网络。

一次配电网络是从配电变电所引出线到配电变电所（或配电所）入口之间的网络，在我国又称高压配电网络。电压通常为6～10kV，城市多使用10kV配电，随着城市负荷密度加大，已开始采用20kV配电方案。由配电变电所引出的一次配电线路的主干部分称为干线，由干线分出的部分称为支线，支线上接有配电变压器。一次配电网络的接线方式有放射式与环式两种。

二次配电网络是由配电变压器二次侧引出线到用户入户线之间的线路、元件所组成的系统，又称低压配电网络。接线方式除放射式和环式外，城市的重要用户可用双回线接线，用电负荷密度高的市区则采用网格式接线。这种网络由多条一次配电干线供电，通过配电变压器降压后，经低压熔断器与二次配电网相连。由于二次系统中相邻的配电变电器一次侧接到不同的一次配电干线，可避免因一次配电线故障而导致市中心区停电。

配电线路按结构有架空线路和地下电缆。农村和中小城市可用架空线路，大城市（特别是市中心区）、旅游区、居民小区等应采用地下电缆。

2. 配电线路巡视的一般安全规定

（1）必须按期按线巡视检查。巡视主要是为了掌握线路设备的运行状况，以便及时发现设备缺陷，消除线路周围的安全隐患，并为线路检修提供内容。

（2）运行人员应由责任心强、熟悉有关规程、熟悉线路设备状况、有实践经验的人员担任。各级领导应配齐运行人员，并应保持人员相对稳定，保障运行人员正常开展工作。

（3）不得单独一人巡线。在偏僻山区和夜间巡线时必须由两人或两人以上进行。暑天、大风、雪天等恶劣气候条件，也应由两人进行。

（4）巡线时，严禁攀登杆塔。

（5）外出巡线，应注意遵守交通规则；夜间巡线，应沿线路外侧进行；大风巡线，应沿线路上风侧行进，以免触及断落的导线；事故巡线，应始终认为线路带电，即使明知该线路已停电，亦应认为线路随时有恢复送供电的可能。

（6）巡线人员发现导线断落地面或悬吊空中时，应设法阻止行人靠近断线地点，所有人员距导线应保持在8m以外，同时在断线周围用绳索设置围栏，有人员值守，并迅速报告领导，等候检修人员处理。

（7）巡线员应严格按照例日巡视，及时上报缺陷票，并及时修改条图和系统图，保证资料与现场的一致性。

（8）在巡视过程中，如遇有雷雨或远方雷击时，应远离线路或暂停巡视。

二、配电设备检修安全常识

1. 停电检修工作安全措施

线路检修工作虽然是在线路已经停电情况下进行的，但是为了防止意外触电故障的发生，在进行工作之前应采取以下防止触电措施：

（1）工作开始之前由施工负责人填写停电作业工作票，同时必须将停电时间和停电范围向全体工作人员交代清楚。联系停电工作必须由专人负责，严禁用口头或约时停电。送电工作负责人未接到停电命令之前，严禁任何人登杆塔接近带电体。

（2）当工作负责人接到停电命令后，应使用合格的验电器进行逐相验电，验明线路是否无电压。

（3）使用合格的绝缘杆验电。验电时绝缘杆的验电部分应逐渐接近导线，听其有无放电声，并注意指示器有无指示。

（4）验电时应带绝缘手套并有人监护。

（5）对配电线路应注意环形供电和分歧线路供电情况，因此，对联络用的断路器或隔离开关两侧均应验电。对同杆并架的多回路线路验电时，应先验低压，后验高压；先验下层线路，后验上层线路。验电前首先确认停电线路的名称和回路。

（6）线路经过验电证明确无电压后，各工作班可在工作范围内的两端及可能送电到停电线路的分歧点挂接地线，同时使三相短路接地，接地线采用多股软铜线，其截面积不得小于$25mm^2$，接地体可利用杆塔的接地装置或用导线端（埋深不小于0.6m）。

(7) 挂接地线的顺序，应先接地，后挂导线端。拆除接地线时，应先拆除导线悬挂端，后拆除接地端。同一杆塔有多回路线路时，挂接地线时，应先挂下层，后挂上层；先挂低压，后挂高压线路。

(8) 挂接地线应戴绝缘手套和持绝缘棒操作并有人监护，人体不得接触接地线。

(9) 工作结束后，工作负责人必须对现场进行全面检查，待全部人员撤离带电危险区，方可命令拆除接地线。拆除接地线后，无论是否送电，都严禁任何人进入带电危险区。

(10) 停电的线路如与另一回带电线路交叉接近，以至工作时可能与另一回路带电导线接触，当两回线路距离小于规定的安全距离时，则另一回路也应停电并接地，接地线可在作业点附近安装一处。

2. 配电线路检修工作注意事项

(1) 在双回路并架的线路或变电所、发电厂进出线走廊多回路线路地段内检修时，是最容易发生误登杆塔的地方。当绕过河流或穿过树林离开线路较远再回到线路上时，更应仔细辨认线路名称和杆塔号。

(2) 对导线特殊排列的杆塔，每换一相工作时，都必须与杆下监护人相呼应，取得联系。

(3) 登杆塔之前应确保线路已停电并挂好接地线，并在监护人监护下才能登杆塔，避免登错杆塔。

(4) 登杆前应先检查杆根牢固情况，新换的电杆应夯实基础，拉线安装牢固后方可登杆。

(5) 如检修工作是松开线、避雷线或更换拉线时，应将电杆打好临时拉线。

(6) 登带有脚钉的杆塔时，应注意脚钉是否牢固，可先用手搬动脚钉，证实牢固后再踏。

(7) 拆除导线、避雷线之前，应先将其划印，以便线夹握住原位置，避免相邻挡导线弧垂改变，造成导线对地距离过小。

（8）检查电杆和拉线基础时，应安装临时拉线后方可挖土检查。

（9）利用旧杆起立新杆时，或拆除导线和避雷线之前，应检查杆根是否牢固，否则应安装临时拉线。

（10）在市区、交通路口、居民来往频繁的地区进行线路检修工作时，应设专人监护。除工作人员外，所有人员应远离电杆 1.2 倍杆高的距离。

（11）在砍伐树木和剪枝工作中，应用绳索或撑杆将树枝脱离导线和配电设备，不得砸碰导线和配电设备。

3. 配电电缆检修工作注意事项

（1）电缆的移动、拆除、改装或更换接头时，必须先行停电并进行接地确认无电后，方可工作。

（2）检查电缆时不得接触电缆铠装和移动电缆，以防感应触电。

（3）检修故障电缆时，先用接地的并带木柄的螺钉旋具钻入电缆的导体，使导体接地放电。然后工作人员站在绝缘台上并戴绝缘手套方可工作。接地时可在工作地点打入 0.5m 深的接地铁针作为接地棒。

（4）切断电缆时，所用的锯应接地，工作人员站在绝缘台上戴绝缘手套方可开始切割电缆。

（5）挖掘电缆时，当挖到电缆保护板处，需设专人监视指导，方可继续深挖。

（6）挖出的电缆接头如下面悬空时，应加悬吊保护，吊点水平距离为 1 ~1.5m。

（7）进入电缆井工作之前，应待井中浊气排除之后方可进入井中。在井内工作应戴安全帽，并在电缆井口设专人看守，防止物体落入井中伤人。

（8）在将水底电缆提起放在船上时，应保持船身平稳，并应备救生圈。

第九章
安全生产法规常识

第一节　中华人民共和国电力法

一、总则

第一条　为了保障和促进电力事业的发展，维护电力投资者、经营者和使用者的合法权益，保障电力安全运行，制定本法。

第二条　本法适用于中华人民共和国境内的电力建设、生产、供应和使用活动。

第三条　电力事业应当适应国民经济和社会发展的需要，适当超前发展。国家鼓励、引导国内外的经济组织和个人依法投资开发电源，兴办电力生产企业。电力事业投资，实行谁投资、谁收益的原则。

第四条　电力设施受国家保护。

禁止任何单位和个人危害电力设施安全或者非法侵占、使用电能。

第五条　电力建设、生产、供应和使用应当依法保护环境，采用新技术，减少有害物质排放，防治污染和其他公害。

国家鼓励和支持利用可再生能源和清洁能源发电。

第六条　国务院电力管理部门负责全国电力事业的监督管理，国务院有关部门在各自的职责范围内负责电力事业的监督管理。

县级以上地方人民政府经济综合主管部门是本行政区域内

的电力管理部门，负责电力事业的监督管理，县级以上地方人民政府有关部门在各自的职责范围内负责电力事业的监督管理。

第七条 电力建设企业、电力生产企业、电网经营企业依法实行自主经营、自负盈亏，并接受电力管理部门的监督。

第八条 国家帮助和扶持少数民族地区、边远地区和贫困地区发展电力事业。

第九条 国家鼓励在电力建设、生产、供应和使用过程中，采用先进的科学技术和管理方法，对在研究、开发、采用先进的科学技术和管理方法等方面作出显著成绩的单位和个人给予奖励。

二、电力建设

第十条 电力发展规划应当根据国民经济和社会发展的需要制定，并纳入国民经济和社会发展计划。

电力发展规划，应当体现合理利用能源、电源与电网配套发展，提高经济效益和有利于环境保护的原则。

第十一条 城市电网的建设与改造规划，应当纳入城市总体规划。城市人民政府应当按照规划，安排变电设施用地、输电线路走廊和电缆通道。

任何单位和个人不得非法占用变电设施用地、输电线路走廊和电缆通道。

第十二条 国家通过制定有关政策，支持、促进电力建设。

地方人民政府应当根据电力发展规划，因地制宜，采取多种措施开发电源，发展电力建设。

第十三条 电力投资者对其投资形成的电力，享有法定权益。并网运行的，电力投资者有优先使用权；未并网的自备电厂，电力投资者自行支配使用。

第十四条 电力建设项目应当符合电力发展规划，符合国家电力产业政策。

电力建设项目不得使用国家明令淘汰的电力设备和技术。

第十五条 输变电工程、调度通信自动化工程等电网配套工程和环境保护工程，应当与发电工程项目同时设计、同时建设、同时验收、同时投入使用。

第十六条 电力建设项目使用土地，应当依照有关法律、行政法规的规定办理；依法征用土地的，应当依法支付土地补偿费和安置补偿费，做好迁移居民的安置工作。

电力建设应当贯彻切实保护耕地、节约利用土地的原则。

地方人民政府对电力事业依法使用土地和迁移居民，应当予以支持和协助。

第十七条 地方人民政府应当支持电力企业为发电工程建设勘探水源和依法取水、用水，电力企业应当节约用水。

三、电力生产与电网管理

第十八条 电力生产与电网运行应当遵循安全、优质、经济的原则。

电网运行应当连续、稳定，保证供电可靠性。

第十九条 电力企业应当加强安全生产管理，坚持安全第一，预防为主的方针，建立健全安全生产责任制度。

电力企业应当对电力设施定期进行检修和维护，保证其正常运行。

第二十条 发电燃料供应企业、运输企业和电力生产企业应当依照国务院有关规定或者合同约定供应、运输和接卸燃料。

第二十一条 电网运行实行统一调度，分级管理，任何单位和个人不得非法干预电网调度。

第二十二条 国家提倡电力生产企业与电网、电网与电网并网运行。具有独立法人资格的电力生产企业要求将生产的电力并网运行的，电网经营企业应当接受。

并网运行必须符合国家标准或者电力行业标准。

并网双方应当按照统一调度、分级管理和平等互利、协商一致的原则，签订并网协议，确定双方的权利和义务；并网双方达不成协议的，由省级以上电力管理部门协调决定。

第二十三条 电网调度管理办法，由国务院依照本法的规定制定。

四、电力供应与使用

第二十四条 国家对电力供应和使用，实行安全用电、节约用电、计划用电的管理原则。

电力供应与使用办法由国务院依照本法的规定制定。

第二十五条 供电企业在批准的供电营业区内向用户供电。

供电营业区的划分，应当考虑电网的结构和供电合理性等因素，一个供电营业区内只设立一个供电营业机构。

省、自治区、直辖市范围内的供电营业区的设立、变更，由供电企业提出申请，经省、自治区、直辖市人民政府电力管理部门会同同级有关部门审查批准后，由省、自治区、直辖市人民政府电力管理部门发给《供电营业许可证》。跨省、自治区、直辖市的供电营业区的设立、变更，由国务院电力管理部门审查批准并发给《供电营业许可证》，供电营业机构持《供电营业许可证》向工商行政管理部门申请领取营业执照，方可营业。

第二十六条 供电营业区内的供电营业机构，对本营业区内的用户有按照国家规定供电的义务；不得违反国家规定对其营业区内申请用电的单位和个人拒绝供电。

申请新装用电、临时用电、增加用电容量、变更用电和终止用电，应当依照规定的程序办理手续。

供电企业应当在其营业场所公告用电的程序、制度和收费标准，并提供用户须知资料。

第二十七条 电力供应与使用双方应当根据平等自愿、协商一致的原则，按照国务院制定的电力供应与使用办法签订供用电合同，确定双方的权利和义务。

第二十八条 供电企业应当保证供给用户的供电质量符合国家标准。对公用供电设施引起的供电质量问题，应当及时处理。

用户对供电质量有特殊要求的，供电企业应当根据其必要性和电网的可能，提供相应的电力。

第二十九条 供电企业在发电、供电系统正常的情况下，应当连续向用户供电，不得中断。因供电设施检修、依法限电或者用户违法用电等原因，需要中断供电时，供电企业应当按照国家有关规定事先通知用户。

用户对供电企业中断供电有异议的，可以向电力管理部门投诉；受理投诉的电力管理部门应当依法处理。

第三十条 因抢险救灾需要紧急供电时，供电企业必须尽快安排供电，所需供电工程费用和应付电费依照国家有关规定执行。

第三十一条 用户应当安装用电计量装置，用户使用的电力电量，以计量检定机构依法认可的用电计量装置的记录为准。

用户受电装置的设计、施工安装和运行管理，应当符合国家标准或者电力行业标准。

第三十二条 用户用电不得危害供电、用电安全和扰乱供电、用电秩序。

对危害供电、用电安全和扰乱供电、用电秩序的，供电企业有权制止。

第三十三条 供电企业应当按照国家核准的电价和用电计量装置的记录，向用户计收电费。

供电企业查电人员和抄表收费人员进入用户进行用电安全检查或者抄表收费时，应当出示有关证件。

用户应当按照国家核准的电价和用电计量装置的记录，按时交纳电费；对供电企业查电人员和抄表收费人员依法履行职责，应当提供方便。

第三十四条 供电企业和用户应当遵守国家有关规定，采取有效措施，做好安全用电、节约用电和计划用电工作。

五、电价与电费

第三十五条 本法所称电价，是指电力生产企业的上网电价、电网间的互供电价、电网销售电价。

电价实行统一政策，统一定价原则，分级管理。

第三十六条 制定电价，应当合理补偿成本，合理确定收益，依法计入税金，坚持公平负担，促进电力建设。

第三十七条 上网电价实行同网同质同价，具体办法和实施步骤由国务院规定。

电力生产企业有特殊情况需另行制定上网电价的，具体办法由国务院规定。

第三十八条 跨省、自治区、直辖市电网和省级电网内的上网电价，由电力生产企业和电网经营企业协商提出方案，报国务院物价行政主管部门核准。

独立电网内的上网电价，由电力生产企业和电网经营企业协商提出方案，报有管理权的物价行政主管部门核准。

地方投资的电力生产企业所生产的电力，属于在省内各地区形成独立电网的或者自发自用的，其电价可以由省、自治区、直辖市人民政府管理。

第三十九条 跨省、自治区、直辖市电网和独立电网之间、省级电网和独立电网之间的互供电价，由双方协商提出方案，报国务院物价行政主管部门或者其授权的部门核准。

独立电网与独立电网之间的互供电价，由双方协商提出方案，报有管理权的物价行政主管部门核准。

第四十条 跨省、自治区、直辖市电网和省级电网的销售电价，由电网经营企业提出方案，报国务院物价行政主管部门或者其授权的部门核准。

独立电网的销售电价，由电网经营企业提出方案，报有管理权的物价行政主管部门核准。

第四十一条 国家实行分类电价和分时电价，分类标准和分时办法由国务院确定。

对同一电网内的同一电压等级，同一用电类别的用户，执行相同的电价标准。

第四十二条 用户用电增容收费标准，由国务院物价行政主管部门会同国务院电力管理部门制定。

第四十三条 任何单位不得超越电价管理权限制定电价，供电企业不得擅自变更电价。

第四十四条 禁止任何单位和个人在电费中加收其他费用，但是，法律、行政法规另有规定的，按照规定执行。

地方集资办电在电费中加收费用的，由省、自治区、直辖市人民政府依照国务院有关规定制定办法。

禁止供电企业在收取电费时，代收其他费用。

第四十五条 电价的管理办法，由国务院依照本法的规定制定。

六、农村电力建设和农业用电

第四十六条 省、自治区、直辖市人民政府应当制定农村电气化发展规划，并将其纳入当地电力发展规划及国民经济和社会发展计划。

第四十七条 国家对农村电气化实行优惠政策，对少数民族地区、边远地区和贫困地区的农村电力建设给予重点扶持。

第四十八条 国家提倡农村开发水能资源，建设中、小型水电站，促进农村电气化。

国家鼓励和支持农村利用太阳能、风能、地热能、生物质能和其他能源进行农村电源建设，增加农村电力供应。

第四十九条 县级以上地方人民政府及其经济综合主管部门在安排用电指标时，应当保证农业和农村用电的适当比例，优先保证农村排涝、抗旱和农业季节性生产用电。

电力企业应当执行前款的用电安排，不得减少农业和农村用电指标。

第五十条 农业用电价格按照保本、微利的原则确定。

农民生活用电与当地城镇居民生活用电应当逐步实行相同的电价。

第五十一条 农业和农村用电管理办法，由国务院依照本法的规定制定。

七、电力设施保护

第五十二条 任何单位和个人不得危害发电设施、变电设施和电力线路设施及其有关辅助设施。

在电力设施周围进行爆破及其他可能危及电力设施安全的作业的，应当按照国务院有关电力设施保护的规定，经批准并采取确保电力设施安全的措施后，方可进行作业。

第五十三条 电力管理部门应当按照国务院有关电力设施保护的规定，对电力设施保护区设立标志。

任何单位和个人不得在依法划定的电力设施保护区内修建可能危及电力设施安全的建筑物、构筑物，不得种植可能危及电力设施安全的植物，不得堆放可能危及电力设施安全的物品。

在依法划定电力设施保护区前已经种植的植物妨碍电力设施安全的，应当修剪或者砍伐。

第五十四条 任何单位和个人需要在依法划定的电力设施保护区内进行可能危及电力设施安全的作业时，应当经电力管理部门批准，并采取安全措施后，方可进行作业。

第五十五条 电力设施与公用工程、绿化工程和其他工程在新建、改建或者扩建中相互妨碍时，有关单位应当按照国家有关规定协商，达成协议后方可施工。

八、监督检查

第五十六条 电力管理部门依法对电力企业和用户执行电力法律、行政法规的情况进行监督检查。

第五十七条 电力管理部门根据工作需要，可以配备电力监督检查人员。

电力监督检查人员应当公正廉洁、秉公执法，熟悉电力法律、法规，掌握有关电力专业技术。

第五十八条 电力监督检查人员进行监督检查时，有权向电力企业或者用户了解有关执行电力法律、行政法规的情况，查阅有关资料，并有权进入现场进行检查。

电力企业和用户对执行监督检查任务的电力监督检查人员

应当提供方便。

电力监督检查人员进行监督检查时，应当出示证件。

九、法律责任

第五十九条　电力企业或者用户违反供用电合同，给对方造成损失的，应当依法承担赔偿责任。

电力企业违反本法第二十八条、第二十九条第一款的规定，未保证供电质量或者未事先通知用户中断供电，给用户造成损失的，应当依法承担赔偿责任。

第六十条　因电力运行事故给用户或者第三人造成损害的，电力企业应当依法承担赔偿责任。

电力运行事故由下列原因之一造成的，电力企业不承担赔偿责任：

（1）不可抗力；

（2）用户自身的过错。

因用户或者第三人的过错给电力企业或者其他用户造成损害的，该用户或者第三人应当依法承担赔偿责任。

第六十一条　违反本法第十一条第二款的规定，非法占用变电设施用地、输电线路走廊或者电缆通道的，由县级以上地方人民政府责令限期改正；逾期不改正的，强制清除障碍。

第六十二条　违反本法第十四条规定，电力建设项目不符合电力发展规划、产业政策的，由电力管理部门责令停止建设。

违反本法第十四条规定，电力建设项目使用国家明令淘汰的电力设备和技术的，由电力管理部门责令停止使用，没收国家明令淘汰的电力设备，并处5万元以下的罚款。

第六十三条　违反本法第二十五条规定，未经许可，从事供电或者变更供电营业区的，由电力管理部门责令改正，没收违法所得，可以并处违法所得5倍以下的罚款。

第六十四条　违反本法第二十六条、第二十九条规定，拒绝供电或者中断供电的，由电力管理部门责令改正，给予警告；情节严重的，对有关主管人员和直接责任人员给予行政处分。

第六十五条　违反本法第三十二条规定，危害供电、用电安全或者扰乱供电、用电秩序的，由电力管理部门责令改正，给予警告；情节严重或者拒绝改正的，可以中止供电，可以并处5万元以下的罚款。

第六十六条　违反本法第三十三条、第四十三条、第四十四条规定，未按照国家核准的电价和用电计量装置的记录向用户计收电费、超越权限制定电价或者在电费中加收其他费用的，由物价行政主管部门给予警告，责令返还违法收取的费用，可以并处违法收取费用5倍以下的罚款；情节严重的，对有关主管人员和直接责任人员给予行政处分。

第六十七条　违反本法第四十九条第二款规定，减少农业和农村用电指标的，由电力管理部门责令改正；情节严重的，对有关主管人员和直接责任人员给予行政处分；造成损失的，责令赔偿损失。

第六十八条　违反本法第五十二条第二款和第五十四条规定，未经批准或者未采取安全措施在电力设施周围或者在依法划定的电力设施保护区内进行作业，危及电力设施安全的，由电力管理部门责令停止作业，恢复原状并赔偿损失。

第六十九条　违反本法第五十三条规定，在依法划定的电力设施保护区内修建建筑物、构筑物或者种植植物、堆放物品，危及电力设施安全的，由当地人民政府责令强制拆除、砍伐或者清除。

第七十条　有下列行为之一，应当给予治安管理处罚的，由公安机关依照治安管理处罚条例的有关规定予以处罚；构成犯罪的，依法追究刑事责任：

（1）阻碍电力建设或者电力设施抢修，致使电力建设或者电力设施抢修不能正常进行的。

（2）扰乱电力生产企业、变电所、电力调度机构和供电企业的秩序，致使生产、工作和营业不能正常进行的。

（3）殴打、公然侮辱履行职务的查电人员或者抄表收费人员的。

(4) 拒绝、阻碍电力监督检查人员依法执行职务的。

第七十一条 盗窃电能的，由电力管理部门责令停止违法行为，追缴电费并处应交电费5倍以下的罚款；构成犯罪的，依照刑法第一百五十一条或者第一百五十二条的规定追究刑事责任。

第七十二条 盗窃电力设施或者以其他方法破坏电力设施，危害公共安全的，依照刑法第一百零九条或者第一百一十条的规定追究刑事责任。

第七十三条 电力管理部门的工作人员滥用职权、玩忽职守、徇私舞弊，构成犯罪的，依法追究刑事责任；尚不构成犯罪的，依法给予行政处分。

第七十四条 电力企业职工违反规章制度、违章调度或者不服从调度指令，造成重大事故的，依照刑法第一百一十四条的规定追究刑事责任。

电力企业职工故意延误电力设计抢修或者抢险救灾供电，造成严重后果的，依照刑法第一百一十四条的规定追究刑事责任。

电力企业的管理人员和查电人员、抄表收费人员勒索用户、以电谋私，构成犯罪的，依法追究刑事责任；尚不构成犯罪的，依法给予行政处分。

第二节 中华人民共和国安全生产法（摘选）

一、总则

第六条 生产经营单位的从业人员有依法获得安全生产保障的权利，并应当依法履行安全生产方面的义务。

二、生产经营单位的安全生产保障

第二十一条 生产经营单位应当对从业人员进行安全生产教育和培训，保证从业人员具备必要的安全生产知识，熟悉有关的安全生产规章制度和安全操作规程，掌握本岗位的安全生产技能。未经安全生产教育和培训合格的从业人员，不得上岗作业。

第二十三条 生产经营单位的特种作业人员必须按照国家有关规定经专门的安全作业培训，取得特种作业操作资格证书，方可上岗作业。

第三十六条 生产经营单位应当教育和督促从业人员严格执行本单位的安全生产规章制度和安全操作规程，并向从业人员如实告知作业场所和工作岗位存在的危险因素、防范措施及事故应急措施。

第三十七条 生产经营单位必须为从业人员提供符合国家标准或者行业标准的劳动防护用品，并监督、教育从业人员按照使用规则佩戴、使用。

三、从业人员的权利和义务

第三十四条 生产经营单位与从业人员订立的劳动合同，应当载明有关保障从业人员劳动安全、防止职业危害的事项，以及依法为从业人员办理工伤社会保障的事项。

生产经营单位不得以任何形式与从业人员订立协议，免除或者减轻为从业人员因生产安全事故伤亡依法应承担的责任。

第四十五条 生产经营单位的从业人员有权了解其作业场所和工作岗位存在的危险因素、防范措施及事故应急措施，有权对本单位的安全生产工作提出建议。

第四十六条 从业人员有权对本单位安全生产工作中存在的问题提出批评、检举、控告，有权拒绝违章指挥和强令冒险作业。

生产经营单位不得因从业人员对本单位安全生产工作提出批评、检举、控告或者拒绝违章指挥、强令冒险作业而降低其工资、福利等待遇或者解除与其订立的劳动合同。

第四十七条 从业人员发现直接危及人身安全的紧急情况时，有权停止作业或者在采取可能的应急措施后撤离作业场所。

生产经营单位不得因从业人员在前款紧急情况下停止作业或者采取紧急撤离措施而降低其工资、福利等待遇或者解除与其订立的劳动合同。

第四十八条 因生产安全事故受到损害的从业人员，除依法享有工伤社会保险外，依照有关民事法律尚有获得赔偿的权利的，有权向本单位提出赔偿要求。

第四十九条 从业人员在作业过程中，应当严格遵守本单位的安全生产规章制度和操作规程，服从管理，正确佩戴和使用劳动防护用品。

第五十条 从业人员应当接受安全生产教育和培训，掌握本职工作所需的安全生产知识，提高安全生产技能，增强事故预防和应急处理能力。

第五十一条 从业人员发现事故隐患或者其他不安全因素，应当立即向现场安全生产管理人员或者本单位负责人报告；接到报告的人员应当及时予以处理。

第三节 电力设施保护条例

一、总则

第一条 为保障电力生产和建设的顺利进行，维护公共安全，特制定本条例。

第二条 本条例适用于中华人民共和国境内全民所有的已建或在建的电力设施（包括发电厂、变电所和电力线路设施及其附属设施，下同）。

第三条 电力设施的保护，实行电力主管部门、公安部门和人民群众相结合的原则。

第四条 电力设施属于国家财产，受国家法律保护，禁止任何单位或个人从事危害电力设施的行为。任何单位和个人都有保护电力设施的义务，对危害电力设施的行为，有权制止并向电力、公安部门报告。

第五条 国务院电力主管部门对电力设施的保护负责监督、检查、指导和协调。

第六条 县以上地方各级电力主管部门保护电力设施的职责是：

（1）监督、检查本条例及根据本条例制定的规章贯彻执行。

（2）开展保护电力设施的宣传教育工作。

（3）会同有关部门及沿电力线路各单位，建立群众护线组织并健全责任制。

（4）会同当地公安部门，负责所辖地区电力设施的安全保卫工作。

第七条 各级公安部门负责依法查处破坏电力设施或哄抢、盗窃电力设施器材的案件。

二、电力设施的保护范围和保护区

第八条 发电厂、变电所设施的保护范围：

（1）发电厂、变电所内与发、变电生产有关的设施。

（2）发电厂、变电所外各种专用的管道（沟）、水井、泵站、冷却水塔、油库、堤坝、铁路、道路、桥梁、码头、燃料装卸设施、避雷针、消防设施及附属设施。

（3）水力发电厂使用的水库、大坝、取水口、引水隧洞（含支洞口）、引水渠道、调压井（塔）、露天高压管道、厂房、尾水渠、厂房与大坝间的通讯设施及附属设施。

第九条 电力线路设施的保护范围：

（1）架空电力线路：杆塔、基础、拉线、接地装置、导线、避雷线、金具、绝缘子、登杆塔的爬梯和脚钉，导线跨越航道的保护设施，巡（保）线站，巡视检修专用道路、船舶和桥梁，标志牌及附属设施。

（2）电力电缆线路：架空、地下、水底电力电缆和电缆联结装置，电缆管道、电缆隧道、电缆沟、电缆桥、电缆井、盖板、人孔、标石、水线标志牌及附属设施。

(3) 电力线路上的变压器、电容器、断路器、刀开关、避雷器、互感器、熔断器、计量仪表装置、配电室、箱式变电站及附属设施。

第十条 电力线路保护区：

(1) 架空电力线路保护区：导线边线向外侧延伸所形成的两平行线内的区域，在一般地区各级电压导线的边线延伸距离如下：

1～10kV	5m
35～110kV	10m
154～330kV	15m
500kV	20m

在厂矿、城镇等人口密集地区，架空电力线路保护区的区域可略小于上述规定。但各级电压导线边线延伸的距离，不应小于导线边线在最大计算弧垂及最大计算风偏后的水平距离和风偏后距建筑物的安全距离之和。

(2) 电力电缆线路保护区：地下电缆为线路两侧各0.75m所形成的两平行线内的区域；海底电缆一般为线路两侧各2nmile (港内为两侧各100m)；江河电缆一般不小于线路两侧各100m (中、小河流一般不小于各50m) 所形成的两平行线内的水域。

三、电力设施的保护

第十一条 县以上地方各级电力主管部门应采取以下措施，保护电力设施：

(1) 在必要的架空电力线路保护区的区界上，应设立标志牌，并标明保护区的宽度和保护规定。

(2) 在架空电力线路导线跨越重要公路和航道的区段，应设立标志牌，并标明导线距穿越物体之间的安全距离。

(3) 地下电缆铺设后，应设立永久性标志，并将地下电缆所在位置书面通知有关部门。

(4) 水底电缆敷设后，应设立永久性标志，并将水底电缆所在位置书面通知有关部门。

第十二条 任何单位或个人在电力设施周围进行爆破作业，必须按照国家有关规定，确保电力设施的安全。

第十三条 任何单位或个人不得从事下列危害发电厂、变电所设施的行为：

（1）闯入厂、所内扰乱生产和工作秩序，移动、损害标志物。

（2）危及输水、排灰管道（沟）的安全运行。

（3）影响专用铁路、公路、桥梁、码头的使用。

（4）在用于水力发电的水库内，进入距水工建筑物300m区域内炸鱼、捕鱼、游泳、划船及其他危及水工建筑物安全的行为。

第十四条 任何单位或个人，不得从事下列危害电力线路设施的行为：

（1）向电力线路设施射击。

（2）向导线抛掷物体。

（3）在架空电力线路导线两侧各300m的区域内放风筝。

（4）擅自在导线上接用电器设备。

（5）擅自攀登杆塔或在杆塔上架设电力线、通信线、广播线，安装广播喇叭。

（6）利用杆塔、拉线作起重牵引地锚。

（7）在杆塔、拉线上拴牲畜、悬挂物体、攀附农作物。

（8）在杆塔、拉线基础的规定范围内取土、打桩、钻探、开挖或倾倒酸、碱、盐及其他有害化学物品。

（9）在杆塔内（不含杆塔与杆塔之间）或杆塔与拉线之间修筑道路。

（10）拆卸杆塔或拉线上的器材，移动、损坏永久性标志或标志牌。

第十五条 任何单位或个人在架空电力线路保护区内，必须遵守下列规定：

（1）不得堆放谷物、草料、垃圾、矿渣、易燃物、易爆物及其他影响安全供电的物品。

（2）不得烧窑、烧荒。

（3）不得兴建建筑物。

（4）不得种植竹子。

（5）经当地电力主管部门同意，可以保留或种植自然生长最终高度与导线之间符合安全距离的树木。

第十六条 任何单位或个人在电力电缆线路保护区内，必须遵守下列规定：

（1）不得在地下电缆保护区内堆放垃圾、矿渣、易燃物、易爆物，倾倒酸、碱、盐及其他有害化学物品，兴建建筑物或种植树木、竹子。

（2）不得在海底电缆保护区内抛锚、拖锚。

（3）不得在江河电缆保护区内抛锚、拖锚、炸鱼、挖沙。

第十七条 任何单位或个人必须经县级以上地方电力主管部门批准，并采取安全措施后，方可进行下列作业或活动：

（1）在架空电力线路保护区内进行农田水利基本建设工程及打桩、钻探、开挖等作业。

（2）起重机械的任何部位进入架空电力线路保护区进行施工。

（3）小于导线距穿越物体之间的安全距离，通过架空电力线路保护区。

（4）在电力电缆线路保护区内进行作业。

第十八条 任何单位或个人不得从事下列危害电力设施建设的行为：

（1）非法侵占电力设施建设项目依法征用的土地。

（2）涂改、移动、损害、拔除电力设施建设的测量标桩和标记。

（3）破坏、封堵施工道路，截断施工水源或电源。

第十九条 经县级以上地方物资、商业管理部门会同工商行政管理部门、公安部门批准的商业企业可以在批准的范围内查验证明、登记收购电力设施器材。

任何单位出售电力设施器材，必须持有本单位证明；任何个人出售电力设施器材，必须持有所在单位或所在居民委员会、村民委员会出具的证明，到规定的商业企业出售。

任何单位或个人不得非法出售、收购电力设施器材。

第二十条 电力主管部门专用架空通信线路、通信电缆线路设施及其附属设施的保护，按照国家有关规定执行。

四、对电力设施与其他设施互相妨碍的处理

第二十一条 电力设施的建设和保护应尽量避免或减少给国家、集体和个人造成的损失。

第二十二条 新建架空电力线路不得跨越储存易燃易爆物品仓库的区域；一般不得跨越房屋，特殊情况需要跨越房屋时，电力主管部门应采取安全措施，并按照本条例第二十三条的规定与有关主管部门达成协议。

第二十三条 公用工程、城市绿化和其他设施与发电厂、变电所和电力线路设施及其附属设施，在新建、改建或扩建中相互妨碍时，双方主管部门必须按照本条例和国家有关规定协商，达成协议后方可施工。

第二十四条 电力主管部门应将经批准的电力设施新建、改建或扩建的规划和计划通知城乡建设规划主管部门，并划定保护区域。

城乡建设规划主管部门应将发电厂、变电所和电力线路设施及其附属设施的新建、改建或扩建纳入城乡建设规划。

第二十五条 新建、改建或扩建发电厂、变电所和电力线路设施及其附属设施，按照本条例第二十三条的规定与有关主管部门达成协议后，需要损害农作物，砍伐树木、竹子或拆迁建筑物及其他设施，电力主管部门应按照国家有关规定给予一次性补偿。

五、奖励与惩罚

第二十六条 任何单位或个人有下列行为之一，电力主管部门应给予表彰或一次性物质奖励：

（1）对破坏电力设施或哄抢、盗窃电力设施器材的行为检举、揭发有功。

（2）对破坏电力设施或哄抢、盗窃电力设施器材的行为进行斗争，有效地防止事故发生。

（3）为保护电力设施而同自然灾害作斗争，成绩突出。

（4）为维护电力设施安全，做出显著成绩。

第二十七条 任何单位或个人违反本条例第十三条、十四条、十五条、十六条、十七条的规定，电力主管部门有权制止并责令其限期改正；情节严重的，可处以罚款。其中违反本条例第十五条第四项、第五项规定，限期内未改正的，电力主管部门还可采取措施，强行伐、剪树木、竹子；凡造成损失的，电力主管部门还应责令其赔偿，并建议其上级主管部门对有关责任人员给予行政处分。

第二十八条 凡违反本条例规定而构成违反治安管理行为的单位或个人，由公安部门根据《中华人民共和国治安管理处罚条例》予以处罚；构成犯罪的，由司法机关依法追究刑事责任。

第二十九条 任何单位或个人违反本条例第十八条规定，非法侵占电力建设设施依法征用的土地，应按照国家有关规定处理。

第三十条 任何单位或个人违反本条例第十九条的规定，非法收购或出售电力设施器材，由工商行政管理部门按照国家有关规定没收其全部违法所得或实物，并视情节轻重，处以罚款直至吊销营业执照。

第三十一条 电力主管部门的工作人员违反本条例规定，情节严重的，应给予行政处分；构成犯罪的，由司法机关依法追究刑事责任。

第三十二条 当事人对地方电力主管部门给予的行政处罚不服，可以向上一级电力主管部门申诉；对上一级电力主管部门作出的行政处罚仍不服，可在接到处罚通知之日起十五日内向人民法院起诉；期满不起诉又不执行的，由作出行政处罚的电力主管部门申请人民法院强制执行。

附录：

实　习　报　告

姓　　名		学校		专业班级	
实习地点					
实习时间					
指导教师					

实习内容（1500字）

实习体会